シリーズ・現象を解明する数学
Introduction to Interdisciplinary Mathematics:
Phenomena, Modeling and Analysis

三村昌泰,竹内康博,森田善久：編集

タンパク質構造とトポロジー

パーシステントホモロジー群入門

平岡裕章 著

共立出版

本シリーズの刊行にあたって

　数学は2000年以上の長い歴史を持つが，厖大な要因が複雑に相互作用をする生命現象や社会現象のような分野とはかなり距離を持って発展してきた．しかしながら，20世紀の後半以降，学際的な視点から，数学の新しい分野への展開は急速に増してきている．現象を数学のことばで記述し，数理的に解明する作業は可能だろうか？　そして可能であれば，数学はどのような役割を果たすことができるであろうか？　本シリーズでは，今後数学の役割がますます重要になってくると思われる生物，生命，社会学，芸術などの新しい分野の現象を対象とし，「現象」そのものの説明と現象を理解するための「数学的なアプローチ」を解説する．数学が様々な問題にどのように応用され現象の解明に役立つかについて，基礎的な考え方や手法を提供し，一方，数学自身の新しい研究テーマの開拓に指針となるような内容のテキストを目指す．

　数学を主に学んでいる学部4年生レベルの学生で，（潜在的に）現象への応用に興味を持っている方，数学の専門家であるが，数学が現象の理解にどのように応用されているかに興味がある方，また逆に，現象を研究している方で数学にハードルを感じているが，数学がどのように応用されているかに興味を持っている方などを対象としたこれまでの数学書にはない新しい企画のシリーズである．

編集委員

まえがき

　本書はタンパク質を題材にしたホモロジー群とパーシステントホモロジー群の入門書である．

　与えられた幾何学的対象を解析する際，その目的に応じたいくつかの特徴付けをもとに，細部を調べたり他の対象との比較を行う．図形の面積や体積といったものや，曲率などはその例である．本書で考察するホモロジー群やパーシステントホモロジー群は，「穴」に着目した特徴付けを行う道具である．

　タンパク質科学の発達により，タンパク質の機能と立体構造は密接に関係していることが明らかになってきており，様々な特徴付けを用いて立体構造が調べられている．立体構造の詳細を調べる際の基礎となる情報はタンパク質を構成している各原子の空間座標データであるが，現在多くのタンパク質についてこれらは調べられておりデータベースとして一般公開されている．Protein Data Bank[29, 30]はこのようなデータベースの1つであり，ここからタンパク質の各原子の空間座標データを手に入れることができる．よってタンパク質を構成している原子をファンデルワールス半径をもつ球として表すと，Protein Data Bank のデータを用いて図1のようにタンパク質（ここではヘモグロビン）を球の和集合としてモデル化することができる．本書で紹介するホモロジー群やパーシステントホモロジー群は，このようなタンパク質の幾何構造の中に存在する「穴」について調べることを可能にする．

　本書の構成としては，各章の最初に話題を総括した後，最初の数節は数学的準備，後半の節でタンパク質へ応用，という形でまとめている．1章は幾何学

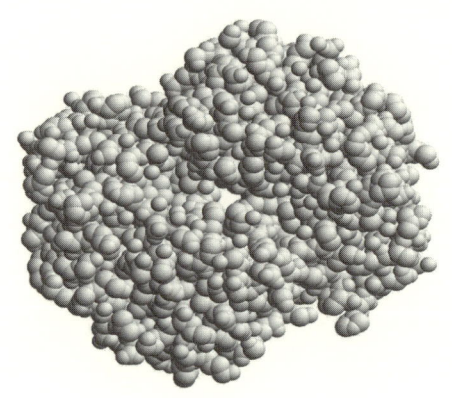

図1 ヘモグロビン (1BUW)

的な準備であり，2, 3章がホモロジー群とパーシステントホモロジー群の解説にそれぞれあてられている．

まず1章では本書を通じて用いられる幾何学的対象である単体複体について解説を行う．単体複体とは単体とよばれる三角形を抽象化したものを適当に張り合わせてできる幾何学的対象である．単体複体はトポロジーの研究に登場する代表的な幾何学的対象であり，また近年では計算機上で表現しやすいという性質から，計算機を用いたトポロジーの解析でもよく用いられている．ここでは単体複体やホモトピーといった基本的な概念の導入を行った後，図1に示したようなタンパク質の球体モデルを単体複体へ変換するいくつかの手法を紹介する．またタンパク質の立体構造データベースである Protein Data Bank の紹介を行い，ここに蓄えられているデータからタンパク質の単体複体モデルが構成できることを示す．

2章ではホモロジー群を導入しその基本的な性質を解説する．実際の応用で取り扱う単体複体は有限個の単体で構成されている場合が多く，その場合ホモロジー群は有限個の情報で記述できる．これは有限生成 $\mathbb{Z}$ 加群の構造定理から導かれるが，本書ではここに力点を置いてホモロジー群の導入を行う．特にスミス標準形を用いて構成的に構造定理を導出することで，ホモロジー群の計算アルゴリズムの基礎となる部分も理解できるように配慮した．さらにタンパク質球体モデルのホモロジー群についての議論から，具体的な問題にホモロジー

群を応用する際の改善すべき性質を述べ，なぜパーシステントホモロジー群が必要になるかという点について説明をする．

3章ではパーシステントホモロジー群を扱う．2章と同じく，最初に代数的に必要となる事柄をまとめている．特にパーシステント区間やパーシステント図といった概念は2章と同様の構造定理がもとになるが，ここでもスミス標準形を用いた構成的な導入を行い，計算アルゴリズムの基礎を理解できるようにしている．また2章と並行させて議論を展開しているので，ホモロジー群と比較することで両者の理解が深まると思われる．後半ではタンパク質の球体モデルの半径の増大列が定めるフィルトレーションに対してパーシステントホモロジー群を応用する．具体的な応用例としては，タンパク質の圧縮率の問題とタンパク質の幾何学的な分類問題に対してパーシステントホモロジー群を応用している．

本書は，生物学や工学などの非数学系研究者や企業研究者に，ホモロジー群やパーシステントホモロジー群を解説してきた経験をもとに作成している．本書を執筆する動機の1つに，非数学者が1冊でホモロジー群やパーシステントホモロジー群を勉強できるようなテキストが欲しい，という要望に応えたかったことがある．結果的に本書がそのような読者のための一冊になれているかどうかは多いに不安が残るところではあるが，非数学者向けのユーザーガイドとしての側面にも配慮を行ったつもりである．特に2, 3章ともに代数の予備知識はほぼ仮定せずに，初歩的な議論からすべて展開している．また2, 3章の構造定理は数学的には統一的に「単項イデアル整域上の単因子論」として片付けることが可能である．しかしこのような事情から過度の一般化は避けることにした．

本書のテーマであるパーシステントホモロジー群は，数学的には比較的新しい概念である．このパーシステントホモロジー群を1つの軸とし，画像処理，離散データ解析，センサーネットワークなどの分野への代数的トポロジーの応用を総称して，近年「応用トポロジー」という分野ができつつある．本書がこの新しい応用数学の分野を知るきっかけになれば幸いである．

本書を執筆するにあたって多くの方々のお世話になった．パーシステントホモロジー群のタンパク質構造解析への応用に関する共同研究者である泉俊輔氏

からはタンパク質科学について，Marcio Gameiro 氏からはホモロジー群の計算理論について多くのご教示をいただいた．玉木大氏，荒井迅氏，一宮尚志氏には原稿に目を通してもらい有益な助言をいただいた．國府寛司先生と京都大学の学生である川口澄恵氏，坂中大志氏，中西和音氏，浜田達也氏，三宅隼斗氏からも本書を通読して少なからぬ不備を指摘していただいた．以上の方々に，心から感謝の意を表したい．

目　次

第 1 章　単体複体　　1
- 1.1　単体複体 ･････････････････････････････････････ 1
- 1.2　抽象単体複体 ･･･････････････････････････････････ 5
- 1.3　ホモトピー ････････････････････････････････････ 6
- 1.4　脈体定理 ･････････････････････････････････････ 10
  - 1.4.1　チェック複体 ････････････････････････････ 11
  - 1.4.2　ヴィートリス・リップス複体 ･･････････････････ 13
  - 1.4.3　アルファ複体 ････････････････････････････ 14
- 1.5　タンパク質の単体複体モデル ･････････････････････ 22
- 第 1 章の補足 ･････････････････････････････････････ 29

第 2 章　ホモロジー群　　30
- 2.1　$\mathbb{Z}$ 加群 ･･･････････････････････････････････ 30
  - 2.1.1　アーベル群，可換環 ･･････････････････････ 30
  - 2.1.2　R 加群 ･････････････････････････････････ 42
  - 2.1.3　$\mathbb{Z}$ 加群 ･････････････････････････････････ 52
  - 2.1.4　$\mathbb{Z}$ 係数行列のスミス標準形 ････････････････ 61
  - 2.1.5　有限生成 $\mathbb{Z}$ 加群の構造定理 ･･･････････････ 66
- 2.2　ホモロジー群 ････････････････････････････････ 72
  - 2.2.1　単体の向き ････････････････････････････ 73
  - 2.2.2　鎖複体 ･･････････････････････････････ 75

		2.2.3	ホモロジー群	77
		2.2.4	誘導準同型写像	84
		2.2.5	$\mathbb{Z}_2$ 係数ホモロジー群	86
	2.3	タンパク質のホモロジー群		88
	第2章の補足			91

第3章 パーシステントホモロジー群　　92

- 3.1 $\mathbb{Z}_2[x]$ 加群 92
  - 3.1.1 多項式環 $\mathbb{Z}_2[x]$ 92
  - 3.1.2 $\mathbb{Z}_2[x]$ 加群 94
  - 3.1.3 $\mathbb{Z}_2[x]$ 係数行列のスミス標準形 103
  - 3.1.4 有限生成 $\mathbb{Z}_2[x]$ 加群の構造定理 106
- 3.2 パーシステントホモロジー群 110
- 3.3 タンパク質のパーシステントホモロジー群 118
  - 3.3.1 タンパク質の圧縮率との相関 119
  - 3.3.2 タンパク質の分類問題への応用 123
- 第3章の補足 126

参考文献　　128

索　引　　130

第1章

単体複体

　この章では単体複体に関する基本的な事柄を説明し，その後にタンパク質の単体複体モデルを紹介する．単体複体とは，単体とよばれる三角形の類似物を適切に張り合わせて得られるものであり，これは次章以降の幾何学的な基礎を与える．また単体複体は単体の組合せ的性質のみで構成されることから，計算機を用いた取り扱いにも適している．

　特にこの章では，球の集まりから単体複体を構成する手法について重点的に解説する．そこに出てくるチェック複体やアルファ複体は，もとの球の和集合とホモトピー同値になるという著しい性質をもつ．この性質から，タンパク質のファンデルワールス球体モデルのトポロジカルな性質は，これらの単体複体を調べることで抽出することが可能となる．タンパク質の単体複体モデルを具体的に構成する際に必要となるタンパク質データベース（PDB）も紹介し，タンパク質のトポロジー計算に関する幾何学的側面を解説する．

1.1 単体複体

　単体複体とは，点（0次元），辺（1次元），三角形（2次元），四面体（3次元），$\cdots$，k次元の三角形，をきちんと張り合わせてできる幾何学的対象のことである．この概念を数学的に定義するには，「k次元の三角形」と「きちんとした張り合わせ」を正確に記述しなければならない．そこでまず「k次元の三角形」を定義することから始める．

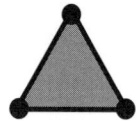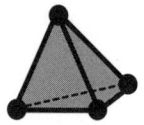

図 1.1 点, 辺, 三角形, 四面体

N を十分大きな自然数とし，N 次元ユークリッド空間 $\mathbb{R}^N$ を考える．$\mathbb{R}^N$ 内の三角形は，頂点に対応する同一直線上にない 3 点 $p_0, p_1, p_2 \in \mathbb{R}^N$ からなる最小の凸集合，として定まる．ここで一般に部分集合 $A \subset \mathbb{R}^N$ は，A 内の任意の 2 点を結ぶ辺上の点がすべて A に含まれるとき，凸集合であるという．

同一直線上にないという条件は，ベクトルを使って表せば

$$\lambda_1 \overrightarrow{p_0 p_1} + \lambda_2 \overrightarrow{p_0 p_2} = 0$$

を満たす実数 λ_1, λ_2 は $\lambda_1 = \lambda_2 = 0$ に限る，ということである．すなわち，2 つのベクトル $\overrightarrow{p_0 p_1}, \overrightarrow{p_0 p_2}$ が一次独立であることを意味する．

四面体の場合は，頂点に対応する同一平面上にない 4 点 $p_0, p_1, p_2, p_3 \in \mathbb{R}^N$ からなる最小の凸集合とすればよい．ここでも同一平面上にないという条件は，ベクトルを使えば

$$\lambda_1 \overrightarrow{p_0 p_1} + \lambda_2 \overrightarrow{p_0 p_2} + \lambda_3 \overrightarrow{p_0 p_3} = 0$$

を満たす実数 λ_i は $\lambda_1 = \lambda_2 = \lambda_3 = 0$ に限る，ということである．つまり，3 つのベクトル $\overrightarrow{p_0 p_1}, \overrightarrow{p_0 p_2}, \overrightarrow{p_0 p_3}$ が一次独立であることが条件になる．

ここでの特徴付けを一般化することで，k 次元の三角形に対応する概念である k 単体を次のように定義する．

[**定義 1.1.1**] $\mathbb{R}^N$ 内の $k+1$ 個の点 $p_0, p_1, \cdots, p_k$ が k 個の一次独立なベクトル $\overrightarrow{p_0 p_1}, \cdots, \overrightarrow{p_0 p_k}$ を与えるとき，それらを含む最小の凸集合

$$\{x \in \mathbb{R}^N \mid x = \lambda_0 p_0 + \cdots + \lambda_k p_k,\ \lambda_i \geq 0,\ \lambda_0 + \cdots + \lambda_k = 1\}$$

を k 単体とよび，$|p_0 p_1 \cdots p_k|$ で表す．また k 単体の次元は k で定める．

この定義はベクトルの起点のとり方によらない.またk単体$\tau = |p_0 p_1 \cdots p_k|$を定める$k+1$個の頂点から異なる$l+1$個の頂点$p_{i_0} p_{i_1} \cdots p_{i_l}$を取り出せば($l \leq k$),それらは一次独立な$l$個のベクトル$\overrightarrow{p_{i_0} p_{i_j}}, j=1,\cdots,l$を与える.よってその凸集合$\sigma = |p_{i_0} p_{i_1} \cdots p_{i_l}|$は$l$単体となる.この$l$単体$\sigma$を$k$単体$\tau$の面とよび,$\sigma \prec \tau$で表す.

例えば図1.2の2単体τは,7個の面

$$|p_0|, |p_1|, |p_2|, |p_0 p_1|, |p_0 p_2|, |p_1 p_2|, |p_0 p_1 p_2|$$

をもつ.

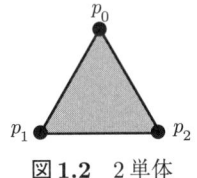

図1.2 2単体

これでk次元の三角形であるk単体の数学的な定義が与えられた.次に,単体複体をここで定めた単体の集まりとして,以下のように定める.

[定義1.1.2] $\mathbb{R}^N$内の有限個の単体の集まりKが以下の条件を満たすとき,Kを単体複体とよぶ:

(i) Kに属する単体τの面$\sigma \prec \tau$もまたKに含まれる.
(ii) 2つの単体$\tau, \sigma \in K$の共通部分$\tau \cap \sigma$が空集合でないならば,$\tau \cap \sigma$はτの面であり,かつσの面である.

また単体複体Kに含まれる単体の次元の最大値を,単体複体Kの次元といい$\dim K$と表す.

ここで条件(ii)が「きちんとした張り合わせ方法」を表していることに注意しておく.つまり各単体の張り合わせ作業は,それぞれの単体の面で行われるように制限しているのである.よって単体複体Kを調べる際には,それぞれの単体に対してどの面が別の単体と張り合わされているか,もしくは張り合わされていないか,といった組合せ的性質が大切になってくる.

なお単体複体 K 自身は単体の有限集合であるが，各単体は $\mathbb{R}^N$ 内に定められている．よって K 内のすべての単体の和集合

$$|K| = \bigcup_{\sigma \in K} \sigma$$

をとることで $\mathbb{R}^N$ 内の図形が得られる．この $|K|$ を，単体複体 K が定める多面体とよぶ．

単体複体 K の部分集合 G であって，それ自身単体複体になっているものを，K の部分複体とよぶ．特に $K^{(p)}$ を K 内の p 次元以下の単体からなる部分集合とすると，これは部分複体となる．この $K^{(p)}$ を K の p 切片とよぶ．

■ 例 1.1.3 k 単体 $\tau = |p_0 \cdots p_k|$ のすべての面の集まりは単体複体となる．例えば，2 単体が定める単体複体は次で与えられる．

$$K = \{|p_0|, |p_1|, |p_2|, |p_0 p_1|, |p_0 p_2|, |p_1 p_2|, |p_0 p_1 p_2|\}$$

■ 例 1.1.4 図 1.3 に示した次の単体の集まり

$$K_1 = \{|p_0|, |p_1|, |p_2|, |p_0 p_1|, |p_0 p_2|\}$$

は単体複体となる．一方で図 1.4 に示した次の単体の集まり

$$K_2 = \{|p_0|, |p_1|, |p_2|, |p_3|, |p_0 p_1|, |p_2 p_3|\}$$

は単体複体にならない．なぜならば 1 単体 $|p_0 p_1|$ と $|p_2 p_3|$ は共通部分 p_3 をもつが，p_3 は $|p_0 p_1|$ の面になっていないからである．この場合，$|p_0 p_1|$ を 2 つに分けて

$$K_2' = \{|p_0|, |p_1|, |p_2|, |p_3|, |p_0 p_3|, |p_1 p_3|, |p_2 p_3|\}$$

としておけば，K_2' は単体複体になる．

図 1.3 多面体の例　　　　図 1.4 多面体の例

1.2 抽象単体複体

前節で導入した単体複体は，$\mathbb{R}^N$ 内の単体の集まりに対する組合せ的性質に着目した概念であった．さらに組合せ的性質のみを取り出した概念が，次に紹介する抽象単体複体である．

[**定義 1.2.1**] 有限集合 V と V の部分集合の有限個の集まり Σ が以下の条件を満たすとき，(V, Σ) を抽象単体複体とよぶ：

(i) V の各元 v に対して，$\{v\}$ は Σ に属する．
(ii) Σ に属する τ の部分集合 $\sigma \subset \tau$ もまた Σ に属する．

ここで Σ に属する部分集合 $\tau = \{v_0, \cdots, v_k\}$ を k 単体とよび，その次元を k で定める．Σ に含まれる単体の最大次元を，抽象単体複体の次元といい $\dim(V, \Sigma)$ で表す．

定義から明らかであるが，抽象単体複体を構成する単体はユークリッド空間 $\mathbb{R}^N$ 内に存在する必要はない．

■ **例 1.2.2** K を単体複体とする．V を K の 0 単体の集まりとし，Σ を

$$\Sigma = \{\{v_0, \cdots, v_k\} \mid |v_0 \cdots v_k| \in K\}$$

で与えると，(V, Σ) は抽象単体複体となる．

この例から単体複体は抽象単体複体として取り扱うことが可能である．また逆に，抽象単体複体に $\mathbb{R}^N$ 内の単体複体を割り当てることも可能である．例えば，抽象単体複体 (V, Σ) の V の各元 v_i $(i = 1, \cdots, N)$ に対して，i 番目の成分のみ 1 で他は 0 の点

$$p_i = (0, \cdots, 0, 1, 0, \cdots, 0) \in \mathbb{R}^N$$

を用意する．これらの点を用いて，Σ 内の単体 $\{v_0, \cdots, v_k\}$ に対して単体 $|p_0 \cdots p_k|$ を定める．ここで得られる $\mathbb{R}^N$ 内のすべての単体の集まりを K とすれば，この K が単体複体の定義 1.1.2 の (i) を満たすことは容易に確かめられ

る．また K の 2 つの単体 $|\tau|, |\sigma|$ が $|\tau| \cap |\sigma| \neq \emptyset$ ならば

$$|\tau| \cap |\sigma| = \{x = \lambda_0 p_{i_0} + \cdots + \lambda_k p_{i_k} \in \mathbb{R}^N \mid v_{i_0}, \cdots, v_{i_k} \in \tau \cap \sigma\}$$

で与えられるので，定義 1.1.2 の (ii) も満たすことになり，K は単体複体となる．多面体 $|K|$ を，抽象単体複体 (V, Σ) から得られる幾何学的実現とよぶ．

1.3 ホモトピー

この節では位相や写像の連続性に関する基本的な知識を仮定する．例えば集合・位相に関する入門書 [8] 等を参照されたい．

X, Y を $\mathbb{R}^N$ 内の部分集合とする．連続写像 $f: X \to Y$ は，

$$g \circ f = 1_X \quad \text{かつ} \quad f \circ g = 1_Y$$

を満たす連続写像 $g: Y \to X$ が存在するとき，同相写像という．ここで $1_X, 1_Y$ は X, Y での恒等写像をそれぞれ表す．また X と Y の間に同相写像が存在するとき，X と Y は同相であるという．特に同相写像 f, g は全単射で与えられることにも注意しておく．

例えば，円板 $D^2 = \{(x, y) \in \mathbb{R}^2 \mid x^2 + y^2 \leq 1\}$ と正方形 $Y = \{(x, y) \in \mathbb{R}^2 \mid |x|, |y| \leq 1\}$ は同相である．同相写像の構成は，円板 D^2 の境界上で $\pi/4, 3\pi/4, 5\pi/4, 7\pi/4$ の角度にある点を正方形 Y の頂点に写す連続写像（およびその逆写像）を考えればよい（図 1.5）．

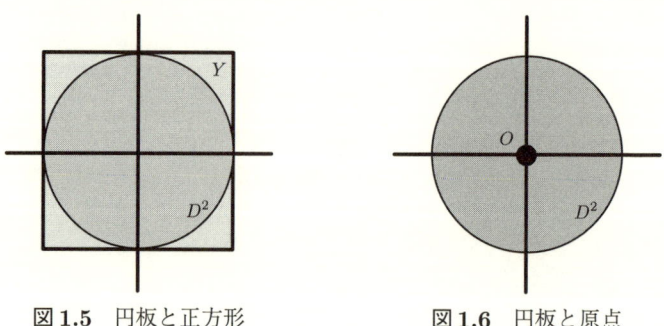

図 1.5　円板と正方形　　　　図 1.6　円板と原点

一方で円板 D^2 と原点 $O=(0,0)$ は同相写像を構成することができない（図1.6）．すなわち同相ではない．この節では $\mathbb{R}^N$ 内の部分集合に対して，同相よりも粗い分類であるホモトピーとよばれる概念を説明する．粗っぽく表現すれば，2つの図形 X, Y がホモトピー同値とは「切り貼りしない連続変形で互いに写り合えるもの」と表現され，この分類によれば D^2 と O も同じ仲間に属することになる．

まず X, Y を $\mathbb{R}^N$ の部分集合とし，2つの連続写像 $f, g: X \to Y$ の間にホモトピックとよばれる関係を定める．

[**定義 1.3.1**] 連続写像 $f, g: X \to Y$ に対して，閉区間 $I=[0,1]$ と X の直積空間から Y への連続写像 $F: X \times I \to Y$ であって，
$$F|_{X \times \{0\}} = f, \quad F|_{X \times \{1\}} = g$$
を満たすものが存在するとき，f と g はホモトピックであるといい，$f \simeq g$ と表す．ここで $F|_{X \times \{t\}}$ は F の $X \times \{t\} \subset X \times I$ への制限を表す（つまり $F|_{X \times \{t\}}(x) = F(x,t)$）．また F を f から g へのホモトピーとよぶ．

この定義より，ホモトピックな2つの写像 f, g は，F を通じて t を変化させることで連続的に写り合えることになる．ここで，ホモトピックな関係 $\simeq$ は同値関係になることを示そう．つまり，写像 $f, g, h: X \to Y$ について次が成り立つ．

(i) $f \simeq f$（反射律）．
(ii) $f \simeq g$ ならば $g \simeq f$（対称律）．
(iii) $f \simeq g$ かつ $g \simeq h$ ならば $f \simeq h$（推移律）．

それぞれの場合について具体的にホモトピーを構成すればよい．(i) は $F(x,t)=f(x)$ とすればよい．(ii) では F が f から g へのホモトピーであれば，g から f へのホモトピー G として $G(x,t)=F(x,1-t)$ とすればよい．(iii) は F を f から g への，G を g から h へのホモトピーとしたとき
$$H(x,t) = \begin{cases} F(x, 2t), & 0 \leq t \leq 1/2 \\ G(x, 2t-1), & 1/2 \leq t \leq 1 \end{cases}$$

で $H : X \times I \to Y$ を定めれば,これは f から h へのホモトピーになっている.

これより X から Y への連続写像の集まりに対して,ホモトピックなものを同一視する分類を行うことができる.ここで $f : X \to Y$ が作る同値類(f とホモトピックなものの集まり)を $[f]$ とかき,X から Y への連続写像 f のホモトピー類とよぶ.

写像のホモトピーに関して基本的な補題を示しておく.

補題 1.3.2 連続写像 $f, g : X \to Y$, $f', g' : Y \to Z$ に対して次が成り立つ.

(i) $f \simeq g$ ならば $f' \circ f \simeq f' \circ g$.
(ii) $f' \simeq g'$ ならば $f' \circ f \simeq g' \circ f$.
(iii) $f \simeq g$ かつ $f' \simeq g'$ ならば $f' \circ f \simeq g' \circ g$.

証明 f から g へのホモトピーを F,f' から g' へのホモトピーを G とする.このとき (i) は $f' \circ f$ から $f' \circ g$ へのホモトピーを $f'(F(x,t))$ で与えればよい.同様に (ii) のホモトピーは $G(f(x), t)$ で与えられる.また (iii) のホモトピーは $G(F(x,t), t)$ で与えればよい. □

さて,ここで導入した連続写像のホモトピーを用いて,本節の目標である $X, Y \subset \mathbb{R}^N$ に対するホモトピー同値を定義する.同相の定義との違いを意識しておこう.

[定義 1.3.3] 連続写像 $f : X \to Y$ は

$$g \circ f \simeq 1_X \quad \text{かつ} \quad f \circ g \simeq 1_Y$$

を満たす連続写像 $g : Y \to X$ が存在するとき,ホモトピー同値写像という.ホモトピー同値写像が存在するとき,X と Y はホモトピー同値といい $X \simeq Y$ で表す.

すなわち同相の定義に現れる等式 = を,ホモトピック $\simeq$ に変えたものがホモトピー同値の定義である.よって同相であればホモトピー同値であることが従うので,ホモトピー同値は同相よりも粗い概念である.

1.3 ホモトピー 9

ホモトピー同値が同値関係を与えることを見よう．つまり部分集合 $X, Y, Z \subset \mathbb{R}^N$ について次が成り立つ．

(i) $X \simeq X$．
(ii) $X \simeq Y$ ならば $Y \simeq X$．
(iii) $X \simeq Y$ かつ $Y \simeq Z$ ならば $X \simeq Z$．

(i) と (ii) は明らか．(iii) は，$f : X \to Y, g : Y \to X$ を $g \circ f \simeq 1_X$ かつ $f \circ g \simeq 1_Y$ を満たすものとし，$f' : Y \to Z, g' : Z \to Y$ を $g' \circ f' \simeq 1_Y$ かつ $f' \circ g' \simeq 1_Z$ を満たすものとする．すると

$$f' \circ f : X \to Z, \quad g \circ g' : Z \to X$$

について，

$$(g \circ g') \circ (f' \circ f) = g \circ (g' \circ f') \circ f \simeq g \circ 1_Y \circ f = g \circ f \simeq 1_X,$$
$$(f' \circ f) \circ (g \circ g') = f' \circ (f \circ g) \circ g' \simeq f' \circ 1_Y \circ g' - f' \circ g' \simeq 1_Z$$

となるので $X \simeq Z$ が従う．よってホモトピー同値は同値関係を与えることが示された．

■ **例 1.3.4** 図 1.6 で扱った円板 D^2 と原点 O がホモトピー同値になることを示しておこう．連続写像 $f : D^2 \to O$ を $f(x, y) = (0, 0)$ で，$g : O \to D^2$ を $g(0, 0) = (0, 0)$ で定めよう．すると明らかに $f \circ g = 1_O$ が成り立つ．一方 $F : D^2 \times I \to D^2$ を

$$F((x, y), t) = (tx, ty)$$

で定めると，これは $g \circ f$ から 1_{D^2} へのホモトピーを与える．よって円板 D^2 と原点 O がホモトピー同値であることが示された．

さて本書の中心テーマであるホモロジー群は，ホモトピー不変な量であることが知られている．すなわち，X, Y がホモトピー同値 $X \simeq Y$ であれば，そのホモロジー群は同じ型になる．一方で単体複体のホモロジー群は，計算機を用いて計算することができる．よって直接ホモロジー群を計算することが困難な

図形に対しても，ホモトピー同値な単体複体を構成できれば，計算機を使ってホモロジー群を計算することが可能になる．そこで次節では，球の集まりとホモトピー同値になる単体複体の構成法について解説を行う．

1.4 脈体定理

空でない部分集合 $X \subset \mathbb{R}^N$ が有限個の空でない部分集合の集まり $\Phi = \{B_i \subset \mathbb{R}^N \mid i = 1, \cdots, m\}$ を用いて被覆されている状況を考えよう：

$$X = \bigcup_{i=1}^{m} B_i.$$

このとき，頂点集合を $V = \{1, \cdots, m\}$，単体の集まり Σ を

$$\Sigma = \left\{ \{i_0, \cdots, i_k\} \,\middle|\, \bigcap_{j=0}^{k} B_{i_j} \neq \emptyset \right\}$$

で定めると（$\emptyset$ は空集合を表す），これは抽象単体複体になる．この抽象単体複体を Φ の脈体とよび，$\mathcal{N}(\Phi)$ で表す．図 1.7 は 3 つの非凸部分集合が構成する脈体の例を示している．

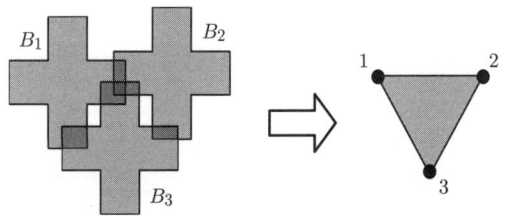

図 1.7 脈体の例：各 B_i は非凸集合

脈体は抽象単体複体であるが，1.2 節で説明したように適当なユークリッド空間 $\mathbb{R}^M$ 内の単体複体として扱える．さらにその多面体 $|K|$ を考察することで $\mathbb{R}^M$ 内の部分集合を得る．以後脈体のホモトピー性を論じる際は，この多面体に対するものであると約束する．

これにより脈体ともとの部分集合 X の，図形としての類似度を調べることが可能となる．例えば図 1.7 の場合，右の図で与えられる $\mathcal{N}(\Phi)$ から

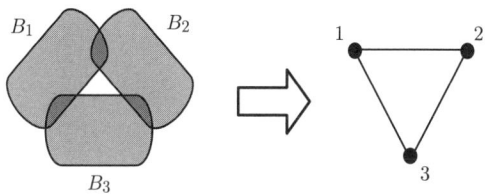

図 1.8 脈体の例：各 B_i は凸集合

$X = B_1 \cup B_2 \cup B_3$ を得るには2箇所穴をあける必要があるため，ホモトピー同値とはならない．一方で図1.8に凸集合が構成する脈体の例を示しているが，この場合両者はホモトピー同値になっている．この例は脈体定理として次の形に一般化される．

定理 1.4.1 （脈体定理） $X \subset \mathbb{R}^N$ が凸閉集合の有限個の集まり $\Phi = \{B_i \mid i = 1, \cdots, m\}$ で被覆

$$X = \bigcup_{i=1}^{m} B_i$$

されているとする．このとき X と脈体 $\mathcal{N}(\Phi)$ はホモトピー同値となる．

よって定理の仮定を満たす X に対してホモトピー不変な量を調べるには，脈体に変換してから調べてもよいことになる．脈体は抽象単体複体であり，通常はもとの X よりも取り扱いやすい．特に抽象単体複体は計算機との相性がよく，後の章でも解説するタンパク質のトポロジーを計算機を用いて調べる際に，この定理は大変重要になってくる．脈体定理の証明は [10, 22] 等を参照されたい．

1.4.1 チェック複体

$\mathbb{R}^N$ 内の有限個の点の集まり $P = \{x_i \in \mathbb{R}^N \mid i = 1, \cdots, m\}$ に対して，P の各点 x_i を中心とし半径 r の球 $B_r(x_i) = \{x \in \mathbb{R}^N \mid \|x - x_i\| \leq r\}$ を配置する．ここで $\|x\|$ はユークリッドノルムを表す．これらの球の集まり $\Phi = \{B_r(x_i) \mid x_i \in P\}$ についての脈体 $\mathcal{N}(\Phi)$ をチェック複体（Čech複体）とよび，$\mathcal{C}(P, r)$ で表す．球は凸閉集合なので，脈体定理よりホモトピー同値

$$X_r = \bigcup_{i=1}^{m} B_r(x_i) \simeq \mathcal{C}(P, r)$$

を得る．図1.9にチェック複体の例を示している．

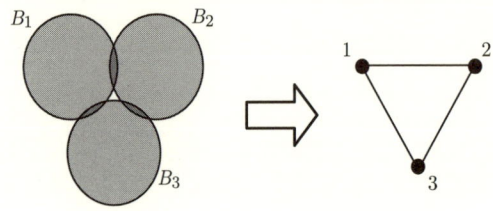

図1.9 チェック複体の例

さてチェック複体のk単体$\{i_0, \cdots, i_k\}$が存在する必要十分条件は，

$$\bigcap_{j=0}^{k} B_r(x_{i_j}) \neq \emptyset$$

である．この条件は各球の半径をrより大きいr'に置き換えても成り立つ．すなわち

$$\bigcap_{j=0}^{k} B_r(x_{i_j}) \neq \emptyset \Longrightarrow \bigcap_{j=0}^{k} B_{r'}(x_{i_j}) \neq \emptyset, \quad r < r'.$$

よって半径rが定めるチェック複体に現れる単体は，rより大きな半径r'が定めるチェック複体にすべて含まれる．よって次の包含関係が成立する：

$$\mathcal{C}(P, r) \subset \mathcal{C}(P, r'), \quad r < r'.$$

これによりrの増大列$r_0 < \cdots < r_i < \cdots < r_T$に対して，チェック複体の増大列

$$\mathcal{C}(P, r_0) \subset \cdots \subset \mathcal{C}(P, r_i) \subset \cdots \subset \mathcal{C}(P, r_T)$$

を得る．このような単体複体の増大列をフィルトレーションとよぶ．3章で見るように，このフィルトレーション構造を使うことで，各半径r_iでのチェック複体$\mathcal{C}(P, r_i)$のトポロジカルな情報だけでなく，半径の変化に対するそれらの遷移や存続性を扱うことも可能となる．

ここまではすべての点に同じ半径の球を配置して脈体を構成していたが, 脈体定理を適用する際には各点で異なる半径をもっていても構わない. すなわち P 内の各点 x_i に半径 r_i の球 $B_{r_i}(x_i)$ を配置し, その脈体を考えることで $\bigcup_{i=1}^{m} B_{r_i}(x_i)$ とホモトピー同値な単体複体が得られる. この単体複体を重み付きチェック複体とよび, $\mathcal{C}(P,R)$ で表す. ここで R は各点での半径の集まり $R = \{r_i \mid i = 1, \cdots, m\}$ である.

1.4.2 ヴィートリス・リップス複体

チェック複体を具体的に構成するには, $\mathbb{R}^N$ 内で複数個の球の交わりを調べる必要がある. 2つの球 $B_r(x), B_r(y)$ が交わる条件は

$$B_r(x) \cap B_r(y) \neq \emptyset \iff \|x - y\| \leq 2r$$

でありその検証は容易である. しかしながら3つ以上の球の交わりを調べることは, N の増加にともない計算量的には困難となる. そこでチェック複体の簡易版の1つとしてヴィートリス・リップス複体 (Vietoris-Rips 複体) が知られている.

$P = \{x_i \in \mathbb{R}^N \mid i = 1, \cdots, m\}$ を $\mathbb{R}^N$ 内の有限個の点の集まりとし, 各点 $x_i \in P$ を中心とし半径 r の球 $B_r(x_i)$ を配置する. このとき $X_r = \bigcup_{i=1}^{m} B_r(x_i)$ の $\{B_r(x_i) \mid i \in 1, \cdots, m\}$ についてのヴィートリス・リップス複体は, 頂点集合を $V = \{1, \cdots, m\}$, 単体の集まり Σ を

$$\Sigma = \{\{i_0, \cdots, i_k\} \mid B_{i_s} \cap B_{i_t} \neq \emptyset, \ 0 \leq s, t \leq k\}$$

で定めた単体複体として定義される. すなわち $k+1$ 個の球の集まりに対して, その中の任意の2つの球が交わりをもてば k 単体を与えるのである. ここで定めたヴィートリス・リップス複体を, $\mathcal{R}(P, r)$ と表す.

ヴィートリス・リップス複体の単体の条件から, 0単体と1単体はチェック複体と一致する. 一方 $k \geq 2$ として $\{i_0, \cdots, i_k\}$ を $\mathcal{C}(P, r)$ の単体とすると,

$$B_r(x_{i_0}), \cdots, B_r(x_{i_k})$$

の任意の2つの球は交わりをもつため, $\{i_0, \cdots, i_k\}$ は $\mathcal{R}(P, r)$ の k 単体になる. すなわち

$$\mathcal{C}(P,r) \subset \mathcal{R}(P,r)$$

という包含関係が成り立つ．

またヴィートリス・リップス複体は脈体として得られる単体複体ではないため，一般には球の和集合 $X_r = \bigcup_{i=1}^m B_r(x_i)$ とのホモトピー同値性は保証されない．図 1.10 にその例を示す．同じ被覆に対するチェック複体は図 1.9 で与えられていたことに注意しよう．しかしながら，2 つの球の交わりを調べるだけで容易に単体が構成できることから，チェック複体の代わりに用いられる場合もある．

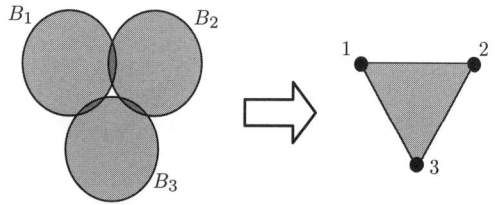

図 1.10 ヴィートリス・リップス複体の例

チェック複体のときと同様に，半径の増大列 $r_0 < \cdots < r_i < \cdots < r_T$ からヴィートリス・リップス複体のフィルトレーション

$$\mathcal{R}(P,r_0) \subset \cdots \subset \mathcal{R}(P,r_i) \subset \cdots \subset \mathcal{R}(P,r_T)$$

が得られる．また各点 x_i で異なる半径を考えた重み付きヴィートリス・リップス複体の概念も同様に定義される．

1.4.3 アルファ複体

アルファ複体はチェック複体やヴィートリス・リップス複体と同様に，有限個の球の集まりに対して定まる単体複体である．その構成にはボロノイ図とその双対概念であるドロネー複体を用いることになる．そこで，まずこれらの事柄について説明する．

有限個の点の集まり $P = \{x_i \in \mathbb{R}^N \mid i = 1,\cdots,m\}$ に対して，各点 x_i に領域

$$V_i = \{x \in \mathbb{R}^N \mid ||x - x_i|| \leq ||x - x_j||,\ 1 \leq j \leq m,\ j \neq i\} \quad (1.4.1)$$

を割り当てる．すると $\mathbb{R}^N$ はこれらの領域の和集合として表せる：

$$\mathbb{R}^N = \bigcup_{i=1}^{m} V_i. \quad (1.4.2)$$

ここで各点 x_i に定まる V_i をボロノイ領域とよび，ボロノイ領域による空間 $\mathbb{R}^N$ の分割 (1.4.2) をボロノイ図とよぶ．

点 x_i とは異なる点 $x_j \in P$ に対して

$$H_{i,j} = \{x \in \mathbb{R}^N \mid ||x - x_i|| \leq ||x - x_j||\}$$

は，x_i と x_j を結ぶ辺に直交する半平面となる（図 1.11 参照）．各ボロノイ領域はこれら半平面の共通部分

$$V_i = \bigcap_{j \neq i} H_{i,j}$$

で与えられる．

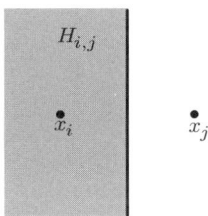

図 1.11 半平面 $H_{i,j}$

半平面は凸集合であり，凸集合の共通部分は再び凸集合になるので，ボロノイ領域は凸集合となる．

ドロネー複体はボロノイ図の脈体として与えられる．すなわち (1.4.2) で与えられる被覆 $\Phi = \{V_i \mid i = 1, \cdots, m\}$ に対して，そのドロネー複体 $\mathcal{D}(P)$ を $\mathcal{D}(P) = \mathcal{N}(\Phi)$ で定める．よってドロネー複体 $\mathcal{D}(P)$ に k 単体 $\{i_0, \cdots, i_k\}$ が存在する必要十分条件は

$$\bigcap_{j=0}^{k} V_{i_j} \neq \emptyset$$

となる．またこのとき

$$||x - x_{i_0}|| = \cdots = ||x - x_{i_k}||$$

となる $x \in \mathbb{R}^N$ が存在することに注意しよう．図1.12は，$\mathbb{R}^2$ 内の5点が定めるボロノイ図とそのドロネー複体の例を示してある．

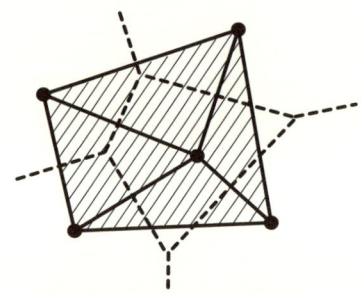

図1.12 ボロノイ図（点線）とそのドロネー複体の幾何学的実現（実線）の例

$\mathbb{R}^N$ 内の $N+2$ 個の点 $x_1, \cdots, x_{N+2}$ は，それらから等距離にある点が存在しないとき一般の位置にあるという．別の言い方をすると，これは $x_1, \cdots, x_{N+2}$ が同じ $N-1$ 次元球面上にのらないことを意味する．

m 個の点の集まり P において，すべての $N+2$ 個の点が一般の位置にあるとき，P は一般の位置にあるという．このときドロネー複体 $\mathcal{D}(P)$ に現れる単体の次元は N 以下となる．さらにドロネー複体 $\mathcal{D}(P)$ の頂点 i に $x_i \in \mathbb{R}^N$ を割り当てる対応で，もとの $\mathbb{R}^N$ 内に幾何学的実現を構成できることも知られている [18]．図1.13に一般の位置にない例を示してある．

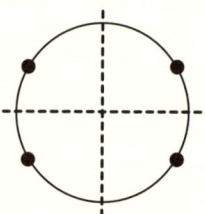

図1.13 一般の位置にない $\mathbb{R}^2$ 内の4点と，そのボロノイ図（点線）．この場合ドロネー複体に3単体が存在し，$\mathbb{R}^2$ 内に幾何学的実現を構成できない．

1.4 脈体定理

ではアルファ複体について説明しよう．m 個の半径 r の球からなる和集合

$$X_r = \bigcup_{i=1}^{m} B_r(x_i)$$

を考える．ここで球の中心の集まり $P = \{x_i \in \mathbb{R}^N \mid i = 1, \cdots, m\}$ は一般の位置にあるとしておく．このとき P が定めるボロノイ図を

$$\mathbb{R}^N = \bigcup_{i=1}^{m} V_i$$

で表す．ここで V_i は x_i のボロノイ領域である．

各ボロノイ領域 V_i と球 $B_r(x_i)$ の共通部分を，$W_i = B_r(x_i) \cap V_i$ とおく．すると W_i は凸集合の共通部分なので凸集合となり，球 $B_r(x_i)$ をボロノイ領域 V_i に制限した図形を与える．また

$$\Psi = \{W_i \mid i = 1, \cdots, m\}$$

が X_r の被覆を与えること

$$X_r = \bigcup_{i=1}^{m} W_i$$

も容易にわかる．

球の集まり $\{B_r(x_i) \mid i = 1, \cdots, m\}$ のアルファ複体 $\alpha(P, r)$ は，Ψ に対する脈体

$$\alpha(P, r) = \mathcal{N}(\Psi)$$

で定義される．図 1.14 は 6 個の球の集まりからなるアルファ複体の例である．

W_i は凸閉集合であり X_r の被覆を与えていることから，脈体定理 1.4.1 より X_r と $\alpha(P, r)$ はホモトピー同値

$$X_r \simeq \alpha(P, r)$$

である．

包含関係 $W_i \subset B_r(x_i)$ より，アルファ複体 $\alpha(P, r)$ はチェック複体 $\mathcal{C}(P, r)$ の部分複体である．また $W_i \subset V_i$ より，アルファ複体 $\alpha(P, r)$ はドロネー複体

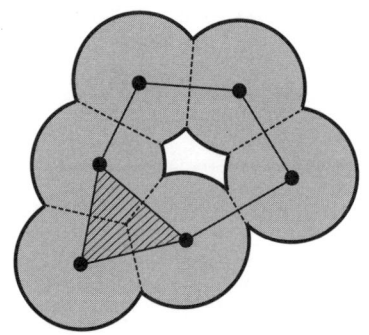

図1.14 アルファ複体の例

$\mathcal{D}(P)$ の部分複体でもある．P は一般の位置にあるため，ドロネー複体 $\mathcal{D}(P)$ の次元は N 以下であり，よってアルファ複体 $\alpha(P,r)$ の次元も N 以下になる．

ここでチェック複体も X_r とホモトピー同値な単体複体であったが，一般には N より大きな次元の単体が現れることに注意する．すなわちアルファ複体は X_r とホモトピー同値な単体複体を，次元が N 以下の単体で構成できる点において，チェック複体とは異なる．

またチェック複体のときと同様に，半径の増大列 $r_0 < \cdots < r_i < \cdots < r_T$ からアルファ複体のフィルトレーション

$$\alpha(P, r_0) \subset \cdots \subset \alpha(P, r_i) \subset \cdots \subset \alpha(P, r_T)$$

も得られる．

次に重み付きアルファ複体を説明する．重み付きチェック複体の場合と同様に，有限個の点の集まり $P = \{x_i \in \mathbb{R}^N \mid i = 1, \cdots, m\}$ に，一般には半径が異なる球

$$B_{r_1}(x_1), \cdots, B_{r_m}(x_m)$$

を配置する．ここで各球 $B_{r_i}(x_i)$ に対して関数

$$\rho_i(x) = \|x - x_i\|^2 - r_i^2 \tag{1.4.3}$$

を定める．関数 $\rho_i(x)$ は x が $B_{r_i}(x_i)$ の内部で負，境界では零，外部で正の値をとる．

この関数を用いて各点 $x_i \in P$ に領域

$$V_i = \{x \in \mathbb{R}^N \mid \rho_i(x) \leq \rho_j(x),\ 1 \leq j \leq m,\ j \neq i\}$$

を割り当てる．すると $\mathbb{R}^N$ はこれらの領域の和集合として表せる：

$$\mathbb{R}^N = \bigcup_{i=1}^{m} V_i. \tag{1.4.4}$$

各点に定まる V_i を重み付きボロノイ領域，式 (1.4.4) の分割を重み付きボロノイ図とよぶ．すべての球の半径が同じ場合は，重み付きボロノイ領域は通常のボロノイ領域と一致することに注意しておく．

通常のボロノイ図の場合と同様に，x_i とは異なる点 $x_j \in P$ に対して半平面

$$H_{i,j} = \{x \in \mathbb{R}^N \mid \rho_i(x) \leq \rho_j(x)\}$$

を考えると，これは x_i と x_j を結ぶ直線に直交する．ただし重み付きボロノイ図の場合，$H_{i,j}$ と $H_{j,i}$ の共通部分

$$H_{i,j} \cap H_{j,i} = \{x \in \mathbb{R}^N \mid \rho_i(x) = \rho_j(x)\}$$

は，x_i と x_j を結ぶ辺上で交わるとは限らない（図 1.15 参照）．重み付きボロノイ領域はこれらの半平面の共通部分

$$V_i = \bigcap_{j \neq i} H_{i,j}$$

で与えられる．半平面は凸集合であり，凸集合の共通部分は再び凸集合になるので，重み付きボロノイ領域は凸集合となる．

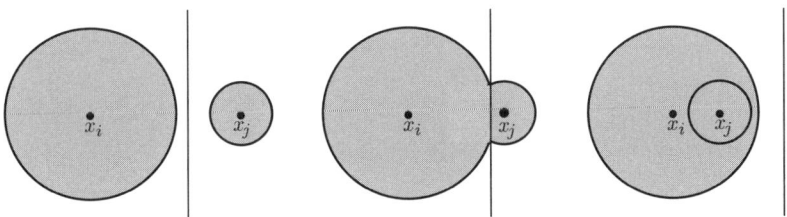

図 1.15　$H_{i,j}$ と $H_{j,i}$ の共通部分（直線）

重み付きドロネー複体は，重み付きボロノイ図の脈体として与えられる．すなわち (1.4.4) が定める被覆 $\Phi = \{V_i \mid i = 1, \cdots, m\}$ に対して，その重み付きドロネー複体を $\mathcal{D}(P, R) = \mathcal{N}(\Phi)$ で定める．ここで R は各球の半径の集まり $R = \{r_i \mid i = 1, \cdots, m\}$ を表す．

よって $\mathcal{D}(P, R)$ に k 単体 $\{i_0, \cdots, i_k\}$ が存在する必要十分条件は

$$\bigcap_{j=0}^{k} V_{i_j} \neq \emptyset$$

であり，またこのとき

$$\rho_{i_0}(x) = \cdots = \rho_{i_k}(x)$$

となる $x \in \mathbb{R}^N$ が存在することになる．

また重み付きの場合でも，$\mathbb{R}^N$ 内の $N+2$ 個の点 $x_1, \cdots, x_{N+2}$ は

$$\rho_1(x) = \cdots = \rho_{N+2}(x)$$

なる $x \in \mathbb{R}^N$ が存在しないとき，一般の位置にあるという．m 個の点の集まり P において，すべての $N+2$ 個の点が一般の位置にあるとき P は一般の位置にあるという．通常のドロネー複体と同様に，P が一般の位置にあれば，重み付きドロネー複体に $N+1$ 次元以上の単体は現れない．

重み付きアルファ複体は，重み付きボロノイ図を用いて同様に定義される．重み付きボロノイ図 (1.4.4) から各 $x_i \in P$ に凸集合 $W_i = B_{r_i}(x_i) \cap V_i$ を定めると，これは球の和集合の被覆

$$\bigcup_{i=1}^{m} B_{r_i}(x_i) = \bigcup_{i=1}^{m} W_i$$

を与える．このとき重み付きアルファ複体は，$\Psi = \{W_i \mid i = 1, \cdots, m\}$ に対する脈体

$$\alpha(P, R) = \mathcal{N}(\Psi)$$

で定義される．

W_i は凸閉集合であり X_r の被覆を与えていることから，脈体定理 1.4.1 より，ホモトピー同値

$$\bigcup_{i=1}^{m} B_{r_i}(x_i) \simeq \alpha(P, R)$$

を得る.また $W_i \subset B_{r_i}(x_i)$ より,重み付きアルファ複体 $\alpha(P, R)$ は重み付きチェック複体 $\mathcal{C}(P, R)$ の部分複体である.さらに $W_i \subset V_i$ より,重み付きアルファ複体 $\alpha(P, R)$ は重み付きドロネー複体 $\mathcal{D}(P, R)$ の部分複体である.通常のアルファ複体のときと同様に,P が一般の位置にあることから,ここで得られた重み付きアルファ複体の次元は N 以下として構成されている.

最後に,重み付きアルファ複体にパラメータを入れることで,フィルトレーションを構成する方法を解説する.

球 $B_{r_i}(x_i)$ の半径 r_i を

$$r_i(w) = \sqrt{r_i^2 + w} \tag{1.4.5}$$

に置き換える 1 パラメータ w を導入し,対応する球 $B_{r_i(w)}(x_i)$ の和集合

$$\bigcup_{i=1}^m B_{r_i(w)}(x_i)$$

を考える.もちろん $r_i(0) = r_i$ である.これらの球 $B_{r_i(w)}(x_i)$ に対して式 (1.4.3) と同様に関数

$$\rho_{i,w}(x) = ||x - x_i||^2 - r_i(w)^2$$

を定め,この関数を用いて重み付きボロノイ分割

$$\mathbb{R}^N = \bigcup_{i=1}^m V_i(w)$$

を構成する.

ここでこれまでと同様に,パラメータ w に応じて定まる半平面を $H_{i,j}(w)$ で表す.すると $H_{i,j}(w)$ と $H_{j,i}(w)$ の共通部分は

$$H_{i,j}(w) \cap H_{j,i}(w) = \{x \in \mathbb{R}^N \mid \rho_{i,w}(x) = \rho_{j,w}(x)\}$$

で与えられる.しかしこれは

$$\rho_{i,w}(x) = \rho_{j,w}(x) \iff ||x - x_i||^2 - r_i(w)^2 = ||x - x_j||^2 - r_j(w)^2$$
$$\iff ||x - x_i||^2 - r_i^2 - w = ||x - x_j||^2 - r_j^2 - w$$

$$\iff \|x-x_i\|^2 - r_i^2 = \|x-x_j\|^2 - r_j^2$$
$$\iff \rho_i(x) = \rho_j(x)$$

より,パラメータ $w=0$ で現れる超平面と一致する.すなわち,ここで導入したパラメータ w はボロノイ分割を不変に保つことがわかった.よってボロノイ領域 $V_i(w)$ を V_i と表すことにする.

ここで得られたパラメータに共通のボロノイ分割に対して,各 $x_i \in P$ に凸集合 $W_i(w) = B_{r_i(w)}(x_i) \cap V_i$ を定める.パラメータ w における重み付きアルファ複体 $\alpha(P,R,w)$ は,被覆

$$\bigcup_{i=1}^{m} B_{r_i(w)}(x_i) = \bigcup_{i=1}^{m} W_i(w)$$

に対する $\Psi(w) = \{W_i(w) \mid i=1,\cdots,m\}$ の脈体

$$\alpha(P,R,w) = \mathcal{N}(\Psi(w))$$

として定義される.

ここで定義したアルファ複体 $\alpha(P,R,w)$ が,パラメータの増大列 $w_0 < \cdots < w_T$ に関してフィルトレーションとなることは容易に確かめられる.$w_a < w_b$ とすると $B_{r_i(w_a)}(x_i) \subset B_{r_i(w_b)}(x_i)$ より $W_i(w_a) \subset W_i(w_b)$ となるからである.

ちなみにパラメータの入れ方はここで紹介したもの以外にも考えられるが,その場合導入したパラメータがフィルトレーションを構成するかどうか確認する必要がある.例えば球の半径を $r_i(w) = r_i + w$ としてパラメータを導入することも可能であるが,これでは一般にはボロノイ分割がパラメータに依存するためフィルトレーションにならない.

なお今後は,前後の文脈から明らかな場合は重み付きと明示しない場合もある.

1.5 タンパク質の単体複体モデル

ここまでの数学的準備をふまえて,タンパク質を単体複体として表現してみ

よう．そこで，まずタンパク質について必要となる説明を与えておく．詳しくはタンパク質の専門書（例えば[5]）を参照されたい．

タンパク質は生命活動を営む上で必須の物質であり，細胞内で繰り広げられている様々な働きはタンパク質を基本ユニットとして展開される．生体内に現れるタンパク質は，20種類のアミノ酸を1次元的に並べたものが，3次元空間内で折りたたまれた構造をとる．図1.16にタンパク質の1つであるヘモグロビンの，3次元空間内での折りたたみ構造を表している．

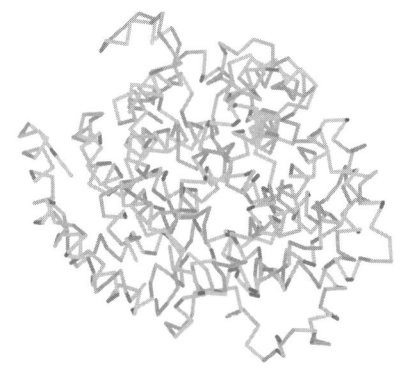

図 1.16 ヘモグロビンの折りたたみ構造（RASMOLを用いて描画）

アミノ酸は共通の基本構造に加えられる側鎖の違いによって分類される．図1.17にアミノ酸の構造を示しているが，図中の点線内が基本構造，Rが側鎖を表す．20種類のアミノ酸は表1.1にまとめてある．タンパク質の1次元的な構造は，隣り合うアミノ酸とのペプチド結合によって与えられる（図1.18参照）．

各原子にはファンデルワールス半径が定められている．これはそれぞれの原子の原子核を中心に，電子が存在する密度に応じて定められた原子の仮想的な半径である．この半径が定める球として原子を表現したものを，ファンデル

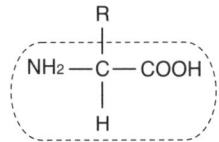

図 1.17 アミノ酸の構造．点線内が基本構造でRが側鎖を表す．

表1.1　20種類のアミノ酸

アミノ酸名	3文字表記	1文字表記
グリシン (Glycine)	Gly	G
アラニン (Alanine)	Ala	A
セリン (Serine)	Ser	S
トレオニン (Threonine)	Thr	T
プロリン (Proline)	Pro	P
バリン (Valine)	Val	V
ロイシン (Leucine)	Leu	L
イソロイシン (Isoleucine)	Ile	I
フェニルアラニン (Phenylalanine)	Phe	F
チロシン (Tyrosine)	Tyr	Y
トリプトファン (Tryptophan)	Trp	W
アスパラギン酸 (Aspartic acid)	Asp	D
アスパラギン (Asparagine)	Asn	N
グルタミン酸 (Glutamic acid)	Glu	E
グルタミン (Glutamine)	Gln	Q
ヒスチジン (Histidine)	His	H
リシン (Lysine)	Lys	K
アルギニン (Arginine)	Arg	R
メチオニン (Methionine)	Met	M
システイン (Cysteine)	Cys	C

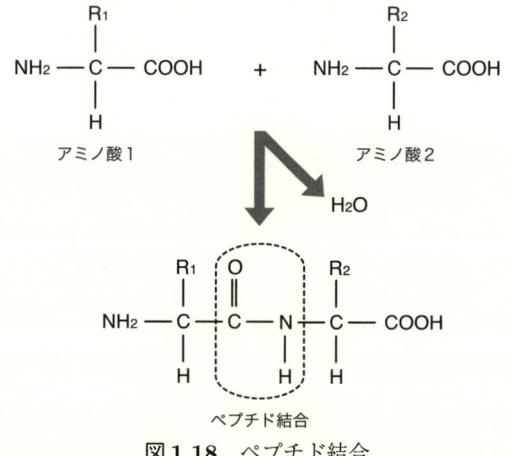

図1.18　ペプチド結合

表1.2 ファンデルワールス半径

原子名	ファンデルワールス半径（Å）
水素（H）	1.20
炭素（C）	1.70
窒素（N）	1.55
酸素（O）	1.52
リン（P）	1.80
硫黄（S）	1.80

ワールス球とよぶ．もちろん原子が存在している環境に応じてその半径に若干の変化は起こりうる．表1.2にその代表的な値をのせてある．ここで単位はオングストロームÅを用いている（$1Å = 10^{-10}$ m = 0.1 nm）．

よって各原子の3次元空間での中心座標がわかれば，タンパク質をファンデルワールス球の和集合として表現できることになる．タンパク質を構成している原子の空間座標は，X線結晶解析技術の発達によって詳細に調べられており，そのデータはいくつかのデータベースに保存・公開されている．その中で代表的なものの1つであるPDB（Protein Data Bank：英語ウェブページ [29]，日本語ウェブページ [30]）を，ここで簡単に紹介する．

タンパク質の1つであるヘモグロビンを例に挙げる．PDBウェブページ内の検索ボックス内に「hemoglobin」と入力すると，ヘモグロビンに関わる様々なX線結晶解析データのリストが得られる．ここでPDBの各データには4文字のID（PDB IDとよばれる）が割り当てられている．その中の1つである「1BUW」のページに進むと，図1.19のウェブページが現れる．

データのもととなるX線結晶解析実験に関する基本情報は，このページから手に入れることができる．各原子の3次元座標データは，このページの右上にある「Download Files」からダウンロードすることができる．いくつかのファイル形式が用意されているが，「PDB File (Text)」を表示してみると，ファイルの途中から図1.20に示されているデータが得られる．

これはヘモグロビンを構成するアミノ酸配列の順に，含まれている原子の空間座標を示している．例えば最初の行

ATOM   1   N   VAL A   1   57.607 46.755 35.101 1.00 26.42   N

図 1.19 PDB での 1BUW のページ

は，2列目に原子の番号「1」，4列目にアミノ酸の種類の3文字表記「VAL」，6列目にアミノ酸の番号「1」，7, 8, 9列目にこの原子の $\mathbb{R}^3$ 内での空間座標「(57.607, 46.755, 35.101)」(単位は Å)，最後の列にこの原子の種類「N」，といったデータが手に入る．最終的に 1BUW ファイルが表すヘモグロビンは 144 個のアミノ酸 (最後のアミノ酸は LYS) から構成されていることがわかり，その中に現れる各原子の空間座標はこのファイルからすべて手に入る．その他の列の意味やファイル形式のより詳細な書式については，PDB のウェブページを参照されたい．

図 1.21 は PDB ファイルの描画ソフトウェア RASMOL (ウェブページ [32]) を用いて，1BUW で表されるヘモグロビンのファンデルワールス球体モデルを描かせたものである．

ここまでの説明で，タンパク質を構成している原子の3次元座標情報を，PDB から入手できることがわかった．では実際に本章で説明した方法を用いて，その単体複体モデルを構成してみよう．そのためには各原子をファンデル

```
ATOM      1  N   VAL A   1      57.607  46.755  35.101  1.00 26.42           N
ATOM      2  CA  VAL A   1      58.558  46.513  36.219  1.00 23.08           C
ATOM      3  C   VAL A   1      57.761  46.739  37.501  1.00 21.13           C
ATOM      4  O   VAL A   1      56.957  47.697  37.550  1.00 22.47           O
ATOM      5  CB  VAL A   1      59.805  47.375  36.040  1.00 27.11           C
ATOM      6  CG1 VAL A   1      60.916  47.052  37.042  1.00 29.39           C
ATOM      7  CG2 VAL A   1      60.369  47.292  34.629  1.00 28.27           C
ATOM      8  N   LEU A   2      57.941  45.846  38.455  1.00 20.75           N
ATOM      9  CA  LEU A   2      57.209  45.916  39.737  1.00 19.35           C
ATOM     10  C   LEU A   2      57.975  46.787  40.735  1.00 19.28           C
ATOM     11  O   LEU A   2      59.204  46.675  40.829  1.00 20.20           O
ATOM     12  CB  LEU A   2      57.035  44.491  40.277  1.00 27.27           C
ATOM     13  CG  LEU A   2      56.005  43.549  39.697  1.00 26.17           C
ATOM     14  CD1 LEU A   2      55.923  42.277  40.545  1.00 24.36           C
ATOM     15  CD2 LEU A   2      54.649  44.230  39.661  1.00 24.20           C
ATOM     16  N   SER A   3      57.247  47.603  41.486  1.00 18.80           N
ATOM     17  CA  SER A   3      57.967  48.421  42.502  1.00 16.13           C
ATOM     18  C   SER A   3      57.952  47.584  43.788  1.00 17.50           C
ATOM     19  O   SER A   3      57.172  46.631  43.889  1.00 16.02           O
ATOM     20  CB  SER A   3      57.219  49.717  42.739  1.00 14.03           C
ATOM     21  OG  SER A   3      56.115  49.467  43.601  1.00 15.86           O

                                途中は省略

ATOM   4337  N   LYS D 144      35.060  42.360  10.295  1.00 66.35           N
ATOM   4338  CA  LYS D 144      34.282  41.228  10.814  1.00 68.14           C
ATOM   4339  C   LYS D 144      35.016  40.520  11.952  1.00 69.85           C
ATOM   4340  O   LYS D 144      34.473  40.611  13.082  1.00 71.16           O
ATOM   4341  CB  LYS D 144      33.961  40.209   9.722  1.00 65.58           C
ATOM   4342  CG  LYS D 144      33.421  40.847   8.439  1.00 71.13           C
ATOM   4343  CD  LYS D 144      33.181  39.814   7.356  1.00 76.69           C
ATOM   4344  CE  LYS D 144      31.806  39.187   7.442  1.00 81.82           C
ATOM   4345  NZ  LYS D 144      31.656  38.410   8.702  1.00 82.24           N
```

図 1.20　1BUW のファイル内に現れる原子座標の部分

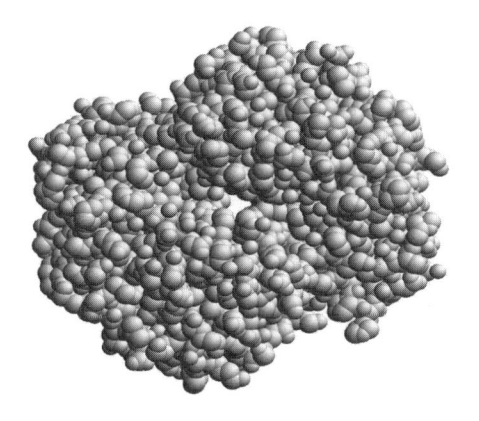

図 1.21　ヘモグロビン（1BUW）

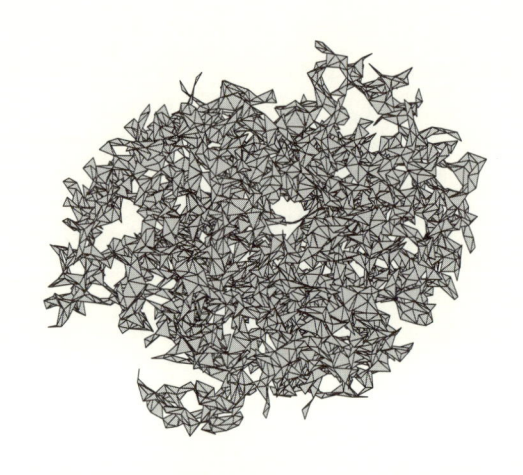

図1.22 ヘモグロビン（1BUW）のファンデルワールス半径のもとでのチェック複体

図1.23 ヘモグロビン（1BUW）のチェック複体フィルトレーション

ワールス半径の球体として扱い，タンパク質をそれらの球の和集合として表現する．これにより前節で解説した単体複体モデルとしてタンパク質を表すことが可能となる．例えば1BUWの，ファンデルワールス半径からなる重み付きチェック複体の多面体表示は図1.22で与えられる．もちろん半径を変化させることで，フィルトレーションを作ることも容易にできる．図1.23に1BUWの重み付きチェック複体フィルトレーション例をのせてある．

第1章の補足

　集合・位相についてはある程度の知識を仮定した．また単体複体，ホモトピー等についても必要最低限の内容のみ解説を行った．これらの事柄のより詳細な内容については，専門書 [4, 7, 8, 20] 等を参照されたい．

　アルファ複体に関しては Edelsbrunner の論文 [17] に詳しい解説がある．ここで解説されているアルゴリズムを用いてアルファ複体を構成する関数が，数値計算パッケージ CGAL (Computational Geometry Algorithms Library) [26] から提供されている．

　本章では解説できなかったが，ここで紹介した単体複体の構成法は，応用トポロジーの分野でよく用いられている．例えば，何らかの幾何構造をもった $\mathbb{R}^N$ 内の点列からなる離散データが与えられたとき，それらの点を中心に球を配置し，フィルトレーションを構成することで，背後にある構造を反映した位相的な量を抽出する試みなどが行われている．またセンサーネットワークとの関連では，各センサーを空間内の点で表しそのヴィートリス・リップス複体を構成することで，センサーネットワークの性能評価へ応用する研究も行われている．このようなトポロジーの応用は，本書でも扱うホモロジー群やパーシステントホモロジー群の数値計算手法の開発にともない，近年活発に研究が行われている．現時点での応用トポロジーに関する文献は [11, 18, 33, 21, 25] を挙げておく．

第2章

ホモロジー群

　この章の目標は，単体複体に対してホモロジー群とよばれる代数的な対象を定め，その性質を調べることである．ホモロジー群とは，単体複体の各次元での大域的なつながり具合を表すものであり，連結成分，わっか，空洞，などの「穴」に関連した幾何学的意味をもつ．またホモロジー群は，ホモトピー同値のもとで不変に保たれるという性質をもつ．よってチェック複体やアルファ複体を用いてタンパク質を表現することで，タンパク質内のこれらの幾何学的対象をホモロジー群という代数的対象として扱うことが可能となる．2.2節と2.3節でこれらの事柄について解説する．

　そこでまず2.1節では，ホモロジー群に関して必要となる代数的概念を解説する．中でもスミス標準形と有限生成$\mathbb{Z}$加群の構造定理は，ホモロジー群の理論的側面のみならずアルゴリズム的意味合いも込めて重要になってくる．なお，ここではできる限り代数の予備知識は仮定せず，基本的な事柄から解説を行う．

2.1　$\mathbb{Z}$加群

2.1.1　アーベル群，可換環

　自然数$1, 2, 3, \cdots$の集まりを$\mathbb{N}$，整数の集まりを$\mathbb{Z}$，0以上の整数を$\mathbb{N}_0$で表すことにする（$\mathbb{N}_0 = \mathbb{N} \cup \{0\}$）．

　まず整数に関する基本的な用語や性質を復習しておこう．

(i) $a, b \in \mathbb{Z}$ に対して $a = cb$ なる $c \in \mathbb{Z}$ が存在するとき，b は a の約数である（もしくは b は a を割る）といい，$b \mid a$ で表す．
(ii) $x, y \in \mathbb{Z} \setminus \{0\}$ に対して，次の性質を満たす正整数 d が一意に定まる：
- $d \mid x$ かつ $d \mid y$.
- $e \mid x$ かつ $e \mid y$ ならば $e \mid d$.

この d を x と y の最大公約数といい，$\gcd(x, y)$ で表す．また $\gcd(x, y) = 1$ となるとき，x と y は互いに素であるという．
(iii) $p \in \mathbb{Z}, p > 1$ は，正の約数が 1 と p しかないとき素数とよぶ．
(iv) $x \in \mathbb{Z}, x > 1$ は，一意な素因数分解をもつ．すなわち $p_1, p_2, \cdots, p_s$ を互いに異なる素数，$n_1, n_2, \cdots, n_s$ を自然数とするとき

$$x = p_1^{n_1} p_2^{n_2} \cdots p_s^{n_s}$$

の形に（積の順序の違いを除いて）一意に表せる．
(v) $x, y \in \mathbb{Z}, y \neq 0$ に対して，$q, r \in \mathbb{Z}$ であって

$$x = qy + r, \quad 0 \leq r < |y|$$

となるものが一意に定まる．q を商，r を余りとよぶ．
(vi) $x, y \in \mathbb{Z}$ に対して

$$\gcd(x, y) = ax + by$$

となる $a, b \in \mathbb{Z}$ が存在する（ユークリッド互除法を使って証明できる）．

一般に集合 G に演算

$$G \times G \ni (a, b) \mapsto a \cdot b \in G$$

が定義されており，次の条件を満たすとき G は群であるという：

I. 結合法則 $(a \cdot b) \cdot c = a \cdot (b \cdot c)$ を満たす．
II. 任意の元 $a \in G$ に対して $a \cdot e = e \cdot a = a$ となる元 $e \in G$ が存在する（e を単位元とよぶ）．
III. 任意の元 $a \in G$ に対して $a \cdot b = b \cdot a = e$ となる元 $b \in G$ が存在する（b を a の逆元とよび，$b = a^{-1}$ で表す）．

さらに条件

IV. 交換法則 $a \cdot b = b \cdot a$

を満たすとき，G をアーベル群（または可換群）という．

G がアーベル群のときは演算 $\cdot$ を $+$ の記号で表す．また単位元 e を 0 で表し零元とよび，逆元を $-a$ で表す．整数の集まり $\mathbb{Z}$ や有理数の集まり $\mathbb{Q}$ は，通常の和 $+$ の演算のもとでアーベル群になっていることが確かめられる．

また群 G の部分集合 H が G の演算で群になっているとき，H を G の部分群とよぶ．これは次の 2 つの条件

- $H \times H \ni (a, b) \mapsto a \cdot b \in H$,
- $H \ni a \mapsto a^{-1} \in H$

と同値である．例えば $\mathbb{Z}$ は $\mathbb{Q}$ の部分アーベル群であるが，$\mathbb{N}$ は $\mathbb{Z}$ の部分アーベル群とはならない．

整数の集まり $\mathbb{Z}$ は，さらに環の構造ももつ．ここで一般に，集合 R に 2 つの演算

$$R \times R \ni (a, b) \mapsto a + b \in R,$$
$$R \times R \ni (a, b) \mapsto a \cdot b \in R$$

が定義されており，次の条件を満たすとき R は環であるという：

I. R は $+$ に関してアーベル群となる．
II. R は $\cdot$ に関して結合法則 $(a \cdot b) \cdot c = a \cdot (b \cdot c)$ を満たす．
III. R は $+$ と $\cdot$ に関して分配法則

$$a \cdot (b + c) = a \cdot b + a \cdot c, \quad (a + b) \cdot c = a \cdot c + b \cdot c$$

を満たす．
IV. 零元 0 とは異なる元 $1 \in R$ で，任意の元 $a \in R$ に対して $a \cdot 1 = 1 \cdot a = a$ を満たすものが存在する（1 を乗法に関する単位元とよぶ）．

さらに条件

V. 交換法則 $a \cdot b = b \cdot a$

を満たすとき，R を可換環という．本書では単に環と言えば可換環を意味すると約束する．演算 $+$ を和とよび，$\cdot$ を積とよぶ．ここで積 $a \cdot b$ は ab と略記して表される場合もある．また R の元 a は積に関する逆元をもつとき単元とよぶ．0 以外のすべての元が単元である可換環 R を体とよぶ．

環 R の部分集合 S は単位元を含み

$$S \times S \ni (r,s) \mapsto r \pm s \in S,$$
$$S \times S \ni (r,s) \mapsto rs \in S$$

を満たすとき，R の部分環とよぶ．

整数の集まり $\mathbb{Z}$ は，通常の和 $+$ と積 $\cdot$ に関して I から V を満たすので，環である．また環 R に係数をもつ $n \times n$ 行列の集まり

$$M_n(R) = \left\{ A = \begin{pmatrix} a_{11} & \cdots & a_{1n} \\ \vdots & & \vdots \\ a_{n1} & \cdots & a_{nn} \end{pmatrix} \,\middle|\, a_{ij} \in R \right\}$$

に，通常の行列の和 $+$ と積 $\cdot$ を入れたものは非可換な環となる．

環 R に係数をもつ多項式の集まり

$$R[x] = \left\{ f(x) = \sum a_n x^n \,\middle|\, a_n \in R,\ n \in \mathbb{N}_0 \right\}$$

も，多項式としての和 $+$ と積 $\cdot$ のもとで環になることが確かめられる．$R[x]$ を，係数を R にもつ多項式環とよぶ．また実数の集まり $\mathbb{R}$ や複素数の集まり $\mathbb{C}$ は体の例である．

さて一般に環 R が与えられたとき，その部分集合 $I \subset R$ で次の性質を満たすものをイデアルとよぶ：

(i) I は $+$ に関して部分群，
(ii) $R \times I \ni (r,a) \mapsto ra \in I$.

例えば R の元 $a_1, \cdots, a_n$ を用いた有限和

$$\sum_{i=1}^{n} r_i a_i, \quad r_i \in R$$

の集まりは，R のイデアルになることが確かめられる．これを $a_1, \cdots, a_n$ で生成されるイデアルといい，$(a_1, \cdots, a_n)$ で表す．特に $n=1$ の場合，$a \in R$ で生成されるイデアル (a) を単項イデアルとよぶ．

$\{0\}, R$ を自明なイデアルとよび，それ以外のイデアルを非自明なイデアルとよぶ．イデアル I が単位元 1 をもてば，任意の R の元 r について $r = r \cdot 1 \in I$ となるので $I = R$ となる．

R のイデアル I, J に対して $I \cap J$ はイデアルになる．また

$$I + J = \{r + s \mid r \in I, s \in J\},$$
$$IJ = \left\{\sum rs \,(\text{有限和}) \mid r \in I, s \in J\right\}$$

も R のイデアルとなる．ここでイデアルの定義より $IJ \subset I \cap J$ だが，一般に逆は成り立たない（命題 2.1.8 参照）．$I + J = R$ のとき I, J は互いに素であるとよぶ．

環 $\mathbb{Z}$ はイデアルについて次の重要な性質をもつ．

命題 2.1.1 $\mathbb{Z}$ の任意のイデアルは単項イデアルとなる．

証明 I を $\mathbb{Z}$ のイデアルとする．$I = \{0\}$ の場合は $I = (0)$ なので明らか．そこで $I \neq \{0\}$ とする．$x \in I$ なら $-x \in I$ なので，I の中で最小の自然数を a とおく．このとき I はイデアルなので $\mathbb{Z}a = (a) \subset I$．一方 $y \in I$ とすると $y = qa + r$ と表せるが，$r = y - qa \in I$ かつ $0 \leq r < a$ より $r = 0$ となる．よって $I = (a)$ が示せた． □

環 R は，$a \cdot b = 0$ ならば $a = 0$ もしくは $b = 0$ となるとき，整域とよばれる．整数の集まり $\mathbb{Z}$ は整域の例であり，命題 2.1.1 と合わせると，$\mathbb{Z}$ は単項イデアル整域とよばれる分類に属することになる．また体が整域になることも定義から明らかであろう．

$\mathbb{Z}$ のイデアルについて，次の性質は基本的である．

命題 2.1.2 整数 x, y が互いに素ならば $(x) + (y) = \mathbb{Z}$．

証明 仮定より $\gcd(x,y) = 1$ なので，本節の最初で述べた整数の性質より，ある $a, b \in \mathbb{Z}$ で
$$1 = ax + by$$
となるものが存在する．よって任意の整数 m は
$$m = (am)x + (bm)y \in (x) + (y)$$
となるので，$\mathbb{Z} \subset (x) + (y)$．逆の包含関係は明らかである． □

さて一般の環 R に戻り，I をそのイデアルとする．このとき部分集合
$$r + I = \{r + a \mid a \in I\}$$
を I の剰余類とよび，r をこの剰余類の代表元とよぶ．ここで環 R の元 $r, s \in R$ に，関係 $r \sim s$ を
$$r \sim s \Longleftrightarrow r + I = s + I$$
で定めると，これは同値関係となる．すなわち次の3つの条件を満たす：

(i) $r \sim r$.
(ii) $r \sim s$ ならば $s \sim r$.
(iii) $r \sim s$ かつ $s \sim t$ ならば $r \sim t$.

$r \sim s$ と $r - s \in I$ は同値であり，$r \in s + I$ なら $r \sim s$ である．ちなみに $r \sim s$ ならば s も r が定める剰余類の代表元となる．つまり剰余類の代表元のとり方は一意的ではない．

また $r + I \neq s + I$ なら $(r + I) \cap (s + I) = \emptyset$ となる．なぜならば，もし交わりをもてば $r + a_1 = s + a_2$ となる $a_1, a_2 \in I$ が存在することになる．これより
$$r - s = a_2 - a_1 \in I \Longrightarrow r \sim s$$
となり $r + I \neq s + I$ に矛盾するからである．

そこで R の各元 r に対して剰余類 $r + I$ を対応させることで，集合として
$$R = \bigcup_{r \in R} (r + I)$$

が成り立つ．この表記の中には同じ剰余類を表すものも一般には含まれるので，各剰余類から代表元を1つずつ選ぶことで，集合としての直和[1]

$$R = \coprod_{r \in \Lambda}(r+I)$$

が得られる．

環 R は剰余類を用いてこのようなグループ分けができるが，剰余類の集まりを改めて

$$R/I = \{r+I \mid r \in R\}$$

と表そう（各剰余類が集合 R/I の元）．すると R/I には再び環としての構造を入れることができる．

命題 2.1.3 集合 R/I にアーベル群としての演算を

$$(r+I)+(s+I) = (r+s)+I$$

で定め，また積を

$$(r+I)\cdot(s+I) = rs+I$$

で定める．するとこれらの演算のもとで R/I は可換環となる．R/I を R の I による剰余環とよぶ．

証明 まずこれらの演算が代表元のとり方によらず，各剰余類に対して定まっていることを確かめる．$r - r' \in I, s - s' \in I$ とすると，$a, b \in I$ を用いて $r = r' + a, s = s' + b$ と表せるので

$$(r+s) - (r'+s') = (a+b) \in I.$$

つまり $(r+s)+I = (r'+s')+I$ となり，アーベル群の演算は代表元のとり方によらないことが示せた．また積についてはイデアルの性質より

$$rs - r's' = r'b + s'a + ab \in I$$

---

[1] 集合 R の直和 $R = \coprod_{\lambda \in \Lambda} R_\lambda$ とは $R = \bigcup_{\lambda \in \Lambda} R_\lambda$ かつ $R_\lambda \cap R_{\lambda'} = \emptyset \ (\lambda \neq \lambda')$ となる分解をいう．

となり，代表元のとり方によらずに定義されていることが確認できる．

アーベル群の定義の中で，結合法則と交換法則は R からそのまま引き継がれる．また R/I の零元は I で，$r+I$ の逆元は $-r+I$ で与えられる．これにより R/I はアーベル群の構造をもつことがわかる．同様に積に関する条件を満たすことも容易に示せる． □

今後，剰余環 R/I の元の表し方として，I が明らかな場合は $[r] = r + I$ と表すこともある．

■ 例 2.1.4　整数の集まり $\mathbb{Z}$ は命題 2.1.1 より単項イデアル整域であった．よって非自明なイデアルは $2 \leq m \in \mathbb{N}$ を用いて $(m) = m\mathbb{Z}$ の形となる．その剰余環 $\mathbb{Z}/m\mathbb{Z}$ は

$$\mathbb{Z}_m = \mathbb{Z}/m\mathbb{Z} = \{[0], [1], \cdots, [m-1]\}$$

で与えられる．なお，剰余環 $\mathbb{Z}/m\mathbb{Z}$ は今後もよく出てくるので，記号 $\mathbb{Z}_m$ を導入しておいた．例えば $m = 2$ と $m = 4$ での剰余環としての演算はそれぞれ表 2.1，2.2 で与えられる．

表 2.1　剰余環 $\mathbb{Z}_2$ の演算．左は和で右は積．

+	0	1
0	0	1
1	1	0

·	0	1
0	0	0
1	0	1

表 2.2　剰余環 $\mathbb{Z}_4$ の演算．左は和で右は積．

+	0	1	2	3
0	0	1	2	3
1	1	2	3	0
2	2	3	0	1
3	3	0	1	2

·	0	1	2	3
0	0	0	0	0
1	0	1	2	3
2	0	2	0	2
3	0	3	2	1

ここで m の素因数分解を $m = p_1^{e_1} p_2^{e_2} \cdots p_t^{e_t}$（$p_i$ は素数で $e_i \in \mathbb{N}$）とする．

(i) $t \geq 2$ の場合：$a = p_1^{e_1}$, $b = p_2^{e_2} \cdots p_t^{e_t}$ とすると $\mathbb{Z}_m$ において

$$[a] \neq 0, \quad [b] \neq 0, \quad [ab] = 0.$$

よって $\mathbb{Z}_m$ は整域ではないので体にならない.

(ii) $t=1$ かつ $e_1 \geq 2$ の場合：この場合も同様に $a = p_1$, $b = p_1^{e_1-1}$ とすると

$$[a] \neq 0, \quad [b] \neq 0, \quad [ab] = 0$$

となるので $\mathbb{Z}_m$ は体にならない.

(iii) $t=1$ かつ $e_1 = 1$ の場合：$m = p$ とおくと，$\mathbb{Z}_p$ の非零元 $[a]$ の代表元 a は p で割れない．よって a と p は互いに素になるので $xa + yp = 1$ となる $x, y \in \mathbb{Z}$ が存在する．この関係式を $\mathbb{Z}_p$ で表すと $[x][a] = [1]$，すなわち $[a]$ は単元となる．よって $\mathbb{Z}_p$ は体になる.

環 R から R' への写像 $f : R \to R'$ は

$$f(r+s) = f(r) + f(s),$$
$$f(rs) = f(r)f(s),$$
$$f(1_R) = 1_{R'}$$

を満たすとき環準同型写像とよぶ．ここで R と R' の単位元をそれぞれ $1_R, 1_{R'}$ で表している．和についての線形性から，特に $f(0) = 0$ である（$f(0) = f(0+0) = f(0) + f(0) \Longrightarrow f(0) = 0$）.

R' の任意の元 r' に対して，$f(r) = r'$ となる $r \in R$ が存在するとき f は全射という．また R の異なる 2 つの元 r, s が，つねに $f(r) \neq f(s)$ となるとき単射という.

環準同型写像 $f : R \to R'$ は，環準同型写像 $g : R' \to R$ であって $g \circ f = I_R$, $f \circ g = I_{R'}$（ここで $I_R, I_{R'}$ は R, R' の恒等写像をそれぞれ表す）を満たすものが存在するとき，環同型写像とよぶ．このとき R と R' は同型であるといい，$R \simeq R'$ で表す．同型写像により同型な 2 つの環 R, R' は，和と積の構造を保ったまま一対一に写されることになる．その意味で R と R' は同一視できる.

環準同型写像 $f : R \to R'$ の核を $\operatorname{Ker} f = \{r \in R \mid f(r) = 0\}$，像を $\operatorname{Im} f = \{f(r) \in R' \mid r \in R\}$ で定める．すると

(i) f が単射 $\iff \operatorname{Ker} f = \{0\}$,

(ii) f が全射 $\iff \mathrm{Im}\, f = R'$

となる. また次の命題も成り立つ.

命題 2.1.5 $\mathrm{Ker}\, f$ は R のイデアルであり, $\mathrm{Im}\, f$ は R' の部分環である.

証明 環準同型写像の性質から, $\mathrm{Ker}\, f$ の元 a, b について $f(a+b) = f(a) + f(b) = 0$ なので $a + b \in \mathrm{Ker}\, f$. $\mathrm{Ker}\, f$ の元 a と R の元 r について $f(ra) = f(r)f(a) = 0$ なので $ra \in \mathrm{Ker}\, f$. よって $\mathrm{Ker}\, f$ は R のイデアルとなる. また同じく環準同型性より, $f(a) \pm f(b) = f(a \pm b) \subset \mathrm{Im}\, f$, $f(a)f(b) = f(ab) \in \mathrm{Im}\, f$ なので $\mathrm{Im}\, f$ は R' の部分環となる. □

環準同型写像 $f : R \to R'$ について, 次の準同型定理は環の構造を調べる際に基本的な道具となる.

定理 2.1.6 (準同型定理) 環準同型写像 $f : R \to R'$ に対して環準同型写像

$$\varphi : R/\mathrm{Ker}\, f \ni [r] \mapsto f(r) \in \mathrm{Im}\, f$$

は同型

$$R/\mathrm{Ker}\, f \simeq \mathrm{Im}\, f$$

を与える.

証明 まず φ は代表元のとり方によらないので, 写像としてきちんと定義されている. また φ が準同型写像になっていることも f の準同型性から示される. 一方 $\varphi([r]) = f(r) = 0$ とすると $r \in \mathrm{Ker}\, f$ となり $\mathrm{Ker}\, \varphi = \{0\}$, つまり単射となる. φ の全射性は明らかである. □

環 $R_1, \cdots, R_n$ に対してその直積集合

$$R = R_1 \times \cdots \times R_n = \{(r_1, \cdots, r_n) \mid r_i \in R_i\}$$

を考える. このとき R に和と積を

$$(r_1, \cdots, r_n) + (s_1, \cdots, s_n) = (r_1 + s_1, \cdots, r_n + s_n),$$

$$(r_1, \cdots, r_n) \cdot (s_1, \cdots, s_n) = (r_1 \cdot s_1, \cdots, r_n \cdot s_n)$$

で定めると,R は $(1_{R_1}, \cdots, 1_{R_n})$ を単位元とする環の構造をもつ.R を環 $R_1, \cdots, R_n$ の直和とよび,$R = R_1 \oplus \cdots \oplus R_n$ で表す.また $S = R_1 = \cdots = R_n$ のとき,これらの直和を S^n で表す.

環の直和 $R = R_1 \oplus \cdots \oplus R_n$ に対して

$$R_1' = \{(r_1, 0, \cdots, 0) \mid r_1 \in R_1\} \quad (第1成分以外はすべて 0)$$

とおけば,R_1' は R のイデアルとなる.この対応により R_1 を R のイデアルとして扱うこともある.その他の $R_2, \cdots, R_n$ についても同様である.

さて,環のイデアルと直和の関係を示す次の定理は有名である.

定理 2.1.7(中国剰余定理) 環 R のイデアル $I_1, \cdots, I_n$ が互いに素,すなわちすべての $i \neq j$ で $I_i + I_j = R$ であるとき,次が成り立つ.

(i) $I_i + \bigcap_{j \neq i} I_j = R$.
(ii) 任意の $r_i \in R$, $i = 1, \cdots, n$ に対して $r \in R$ で $[r] = [r_i] \in R/I_i$, $i = 1, \cdots, n$ となるものが存在する.
(iii) $I = \bigcap_{i=1}^n I_i$ について,同型

$$R/I \simeq R/I_1 \oplus \cdots \oplus R/I_n$$

が成り立つ.

証明 $1 \leq i \leq n$ を固定する.このとき $I_i + I_j = R$, $i \neq j$ より $a_j + b_j = 1$ となる $a_j \in I_i, b_j \in I_j$ が存在する.ここで $1 = \prod_{j \neq i}(a_j + b_j)$ であるが,この積の中で a_j を含む項の和を α_i,$\beta_i = \prod_{j \neq i} b_j$ とおくと

$$1 = \prod_{j \neq i}(a_j + b_j) = \alpha_i + \beta_i, \quad \alpha_i \in I_i, \; \beta_i \in \bigcap_{j \neq i} I_j$$

と表せる.よって $R \subset I_i + \bigcap_{j \neq i} I_j$ を得る.逆の包含関係は明らかに成り立つので (i) が示された.

次に与えられた $r_i \in R$, $i = 1, \cdots, n$ に対して，(i) の証明に出てきた β_i を用いて
$$r = r_1\beta_1 + \cdots + r_n\beta_n$$
とおく．すると R/I_i では $i \neq j$ なら $[\beta_j] = 0$ であり，また $1 = \alpha_i + \beta_i$ から $[1] = [\beta_i]$ となる．よって R/I_i では
$$[r] = [r_i\beta_i] = [r_i]$$
となり (ii) が示される．

次の環準同型写像
$$f : R \ni r \mapsto (r + I_1, \cdots, r + I_n) \in R/I_1 \oplus \cdots \oplus R/I_n$$
は，(ii) から全射である．一方 $\mathrm{Ker}\, f = I = \bigcap_{i=1}^{n} I_i$ となるので，準同型定理より $R/I \simeq R/I_1 \oplus \cdots \oplus R/I_n$ を得る．これで定理が証明された． □

最後に次の命題も示しておく．

命題 2.1.8 環 R のイデアルについて次が成り立つ．

(i) 互いに素な R のイデアル I, J について $IJ = I \cap J$．
(ii) 互いに素な R のイデアル $I_1, \cdots, I_n$ について $I_1 \cdots I_n = \bigcap_{i=1}^{n} I_i$．

証明 $IJ \subset I \cap J$ は明らか．仮定から $I + J = R$ なので $a + b = 1$ となる $a \in I$, $b \in J$ が存在する．ここで $c \in I \cap J$ とすると $c = ac + bc$．ここで $ac, bc \in IJ$ なので $c \in IJ$．よって $IJ = I \cap J$ が示された．

(ii) は n についての帰納法を用いる．そこで $n - 1$ まで (ii) が成り立つとする．定理 2.1.7(i) より
$$\bigcap_{i=1}^{n-1} I_i + I_n = R$$
が成り立つので，$a + b = 1$ となる $a \in \bigcap_{i=1}^{n-1} I_i$, $b \in I_n$ が存在する．ここで $c \in \bigcap_{i=1}^{n} I_i$ とすると $c = ac + bc$ だが，帰納法の仮定より $ac, bc \in I_1 \cdots I_n$ となる．よって $I_1 \cdots I_n = \bigcap_{i=1}^{n} I_i$ が証明される． □

2.1.2 R加群

次に加群について説明しよう．環 R とアーベル群 M に対して演算

$$R \times M \ni (r, x) \mapsto r \cdot x \in M$$

が定義されており，次の条件を満たすとき M を R 加群とよぶ：

I. $r \cdot (x + y) = r \cdot x + r \cdot y$.
II. $(r + s) \cdot x = r \cdot x + s \cdot x$.
III. $(rs) \cdot x = r \cdot (s \cdot x)$.
IV. $1 \cdot x = x$.

ここで r, s は R の元，x, y は M の元を表す．また IV の 1 は R の単位元である．また今後 $r \cdot x$ を rx と表す場合もある．

加群の例をいくつか挙げてみよう．

■ 例 2.1.9 M をアーベル群とするとき

$$\mathbb{Z} \times M \ni (n, x) \mapsto n \cdot x = \overbrace{x + \cdots + x}^{n \text{ 個}} \in M$$

で $\mathbb{Z}$ との演算を定めると M は $\mathbb{Z}$ 加群となる．

■ 例 2.1.10 k を体とし V を k 上のベクトル空間とすると，V は k 加群となる．つまり R 加群はベクトル空間の概念を一般化したものである．

■ 例 2.1.11 環 R は自身の演算により R 加群と見なせる．

R 加群 M の部分群 N が

$$R \times N \ni (r, x) \mapsto r \cdot x \in N$$

を満たすとき，N を M の R 部分加群とよぶ．$\{0\}$, M を自明な部分加群とよび，それら以外の部分加群を非自明な部分加群とよぶ．

環のイデアルから剰余環を得たのと同様に，加群に対しても剰余加群を導入してみよう．N を R 加群 M の部分加群とするとき，M の部分集合

$$x+N=\{x+s \mid s\in N\}$$

を N の剰余類とよび,x をこの剰余類の代表元とよぶ.ここで M の元に,関係 $\sim$ を

$$x\sim y \iff x+N=y+N$$

で定めると,これは同値関係になる.すなわち次の3つの条件を満たす:

(i) $x\sim x$.
(ii) $x\sim y$ ならば $y\sim x$.
(iii) $x\sim y$ かつ $y\sim z$ ならば $x\sim z$.

イデアルによる剰余類と同様に,$x+N\neq y+N$ なら $(x+N)\cap(y+N)=\emptyset$ となる.そこで各元 $x\in M$ に対して剰余類 $x+N$ を対応させることで,集合として

$$M=\bigcup_{x\in M}(x+N)$$

が成り立つ.この表記の中には同じ剰余類を表すものも一般には含まれるので,各剰余類から代表元を1つずつ選ぶことで,集合としての直和

$$M=\coprod_{x\in\Lambda}(x+N)$$

が得られる.

R 加群 M は剰余類を用いてグループ分けができるが,この剰余類の集まりを改めて集合として

$$M/N=\{x+N \mid x\in M\}$$

と表そう(各剰余類が集合 M/N の元).すると M/N には R 加群の構造を入れることができる.

命題 2.1.12 集合 M/N にアーベル群としての演算を

$$(x+N)+(y+N)=(x+y)+N$$

で定め,また環 R との演算を

$$r\cdot(x+N)=rx+N$$

で定める．するとこれらの演算のもとで M/N は R 加群になる．M/N を M の N による剰余加群とよぶ．

証明 まずこれらの演算が代表元のとり方によらず，各剰余類に対して定まっていることを確かめる必要がある．$x - x' \in N, y - y' \in N$ とすると，$x + y - (x' + y') \in N$ より

$$(x+N) + (y+N) = (x+y) + N = (x'+y') + N = (x'+N) + (y'+N)$$

となる．よってアーベル群の演算は代表元のとり方によらない．また環 R との演算についても，部分加群の定義より $r \cdot N \subset N$ なので，$x - y \in N$ に対して $rx - ry \in N$．これより

$$r \cdot (x+N) = rx + N = ry + N = r \cdot (y+N).$$

すなわち代表元のとり方によらずに，剰余類に対して演算が定義されていることが確認された．

アーベル群の定義の中で，結合法則と交換法則は M からそのまま引き継がれる．また M/N の零元は N で，$x + N$ の逆元は $-x + N$ で与えられる．これにより M/N はアーベル群の構造をもつことがわかる．同様に R 加群としての条件を満たすことも容易に示せる． □

今後剰余加群 M/N の元の表し方としては，N が明らかな場合は $[x] = x + N$ と表すこともある．

■ **例 2.1.13** 整数の集まり $\mathbb{Z}$ は，環であると同時に $\mathbb{Z}$ 加群としての構造ももつ．このとき $\mathbb{Z}$ 加群としての部分加群は，環としてはイデアルであることに他ならない．よって命題 2.1.1 より，$\mathbb{Z}$ の非自明な部分加群は $2 \leq m \in \mathbb{N}$ を用いて $m\mathbb{Z} = (m)$ の形となる．

次に剰余加群 $\mathbb{Z}/m\mathbb{Z}$ は

$$\mathbb{Z}_m = \mathbb{Z}/m\mathbb{Z} = \{[0], [1], \cdots, [m-1]\}$$

で与えられる．よって $\mathbb{Z}_m$ は剰余環だけでなく，$\mathbb{Z}$ 加群の構造ももつことにな

る．例えば $m=2$ と $m=4$ での $\mathbb{Z}$ 加群としての演算はそれぞれ表 2.3, 2.4 で与えられる．

表 2.3 $\mathbb{Z}_2$ の $\mathbb{Z}$ 加群演算．左は $+$ で右は $\cdot$（ここで $r \in \mathbb{Z}$）．

+	0	1
0	0	1
1	1	0

$\cdot$	0	1
$2r$	0	0
$2r+1$	0	1

表 2.4 $\mathbb{Z}_4$ の $\mathbb{Z}$ 加群演算．左は $+$ で右は $\cdot$（ここで $r \in \mathbb{Z}$）．

+	0	1	2	3
0	0	1	2	3
1	1	2	3	0
2	2	3	0	1
3	3	0	1	2

$\cdot$	0	1	2	3
$4r$	0	0	0	0
$4r+1$	0	1	2	3
$4r+2$	0	2	0	2
$4r+3$	0	3	2	1

R 加群 M から R 加群 M' への写像 $f : M \to M'$ が次の性質を満たすとき，R 準同型写像とよぶ：

(i) $f(x+y) = f(x) + f(y)$,
(ii) $f(rx) = rf(x)$.

R 準同型写像はベクトル空間上の線形写像を拡張した概念である．和についての線形性 (i) から $f(0) = 0$ を得る．また f の核を $\operatorname{Ker} f = \{x \in M \mid f(x) = 0\}$，像を $\operatorname{Im} f = \{f(x) \in M' \mid x \in M\}$ で定めると，次が成り立つ．

命題 2.1.14 $\operatorname{Ker} f$ は M の R 部分加群であり，$\operatorname{Im} f$ は M' の R 部分加群となる．

証明 $x, y \in \operatorname{Ker} f$ のとき，f は R 準同型であるので $f(x+y) = f(x) + f(y) = 0$, $f(-x) = -f(x) = 0$ となり $x + y, -x \in \operatorname{Ker} f$ を得る．よって $\operatorname{Ker} f$ は M の部分群となる．また同じく R 準同型性より $r \in R$ に対して $f(rx) = rf(x) = 0$ となり $rx \in \operatorname{Ker} f$．つまり $\operatorname{Ker} f$ は M の R 部分加群となる．$\operatorname{Im} f$ についても同様に証明される． □

R 準同型写像 $f : M \to M'$ は，異なる 2 つの元 $x, y \in M$ がつねに $f(x) \neq$

$f(y)$ となるとき単射という．$\operatorname{Im} f = M'$ のとき全射であるという．また，R 準同型写像 $g : M' \to M$ であって $g \circ f = I_M$, $f \circ g = I_{M'}$ を満たすものが存在するとき，f を同型写像とよぶ．このとき R 加群 M, M' は同型であるとよび $M \simeq M'$ で表す．同型写像による一対一対応のもとで，同型な R 加群は同一視できる．

R 準同型写像 $f : M \to M'$ について，次の準同型定理は R 加群を調べる際に基本的な道具となる．

定理 2.1.15 （準同型定理） R 準同型写像 $f : M \to M'$ に対して R 準同型写像

$$\varphi : M/\operatorname{Ker} f \ni [x] \mapsto f(x) \in \operatorname{Im} f$$

は同型

$$M/\operatorname{Ker} f \simeq \operatorname{Im} f$$

を与える．

証明 まず φ は代表のとり方によらないので，写像としてきちんと定義されている．また φ が R 準同型写像になっていることも f の R 準同型性から示される．一方 $\varphi([x]) = f(x) = 0$ とすると $x \in \operatorname{Ker} f$ となり $\operatorname{Ker} \varphi = \{0\}$，つまり φ は単射となる．φ の全射性は定義から明らかである． □

R 加群 $M_1, \cdots, M_n$ に対してその直積集合

$$M = M_1 \times \cdots \times M_n = \{(x_1, \cdots, x_n) \mid x_i \in M_i\}$$

を考える．このとき M に演算

$$(x_1, \cdots, x_n) + (y_1, \cdots, y_n) = (x_1 + y_1, \cdots, x_n + y_n),$$
$$r \cdot (x_1, \cdots, x_n) = (rx_1, \cdots, rx_n)$$

を定めることで，M は R 加群の構造をもつ．M を R 加群 $M_1, \cdots, M_n$ の直和とよび，$M = M_1 \oplus \cdots \oplus M_n$ で表す．また $L = M_1 = \cdots = M_n$ のとき，これらの直和を L^n で表す．

ここで M_1' を

$$M_1' = \{(x_1, 0, \cdots, 0) \mid x_1 \in M_1\} \quad (第1成分以外はすべて0)$$

とおけば，M_1' は M の R 部分加群であり，同型 $M_1 \simeq M_1'$ となる．よって M_1 を M_1' と同一視して，M の R 部分加群として扱うこともある．その他の $M_2, \cdots, M_n$ についても同様である．このとき M の元は $M_1, \cdots, M_n$ の元の和として一意的に表せる．

逆に M の部分加群 $M_1, \cdots, M_n$ が与えられたとする．このとき M の任意の元が $M_1, \cdots, M_n$ の元の和として一意に表されるならば，$M_1 \oplus \cdots \oplus M_n \simeq M$ が成り立つ．これは準同型写像

$$M_1 \oplus \cdots \oplus M_n \ni (x_1, \cdots, x_n) \mapsto x_1 + \cdots + x_n \in M$$

が同型を与えることから従う．

$U(\neq \emptyset)$ を R 加群 M の部分集合とする．このとき次の有限和からなる集まり

$$\langle U \rangle = \left\{ \sum ru \,(有限和) \mid r \in R, u \in U \right\}$$

は M の R 部分加群となる．この $\langle U \rangle$ を U で生成される R 部分加群とよぶ．また U を有限集合にとるとき，$\langle U \rangle$ を有限生成な R 部分加群とよぶ．ここで $U = \{u_1, \cdots, u_n\}$ のとき，$\langle U \rangle$ を

$$\langle U \rangle = Ru_1 + \cdots + Ru_n$$

とも表す．

さらに U の任意の有限部分集合 $\{u_1, \cdots, u_n\}$ に対して，

$$\sum_{i=1}^n r_i u_i = 0 \text{ を満たす } r_i \in R \text{ は } r_1 = \cdots = r_n = 0 \text{ に限る}$$

を満たすとき，U は R 上で一次独立であるという．R 上一次独立かつ M を生成する U を，M の R 上の基底という．よって U が M の R 上の基底であることの必要十分条件は，M の任意の元が

$$\sum ru \,(有限和) \qquad r \in R, u \in U$$

の形に一意に表せることである．基底をもつ R 加群を自由 R 加群という．有限生成な自由 R 加群 M が基底 $U = \{u_1, \cdots, u_n\}$ をもつとき

$$\bigoplus_{i=1}^{n} R \ni (r_1, \cdots, r_n) \mapsto \sum_{i=1}^{n} r_i u_i \in M$$

は R 加群の同型写像を与えることが確かめられる．

また一般の集合 U を用いて，環 R 上の自由加群を

$$R\langle U \rangle = \left\{ \sum ru \text{（有限和）} \mid r \in R, u \in U \right\}$$

として構成する．ここで R 加群としての和と R との積は

$$\sum_{i=1}^{n} r_i u_i + \sum_{i=1}^{n} s_i u_i = \sum (r_i + s_i) u_i,$$
$$s \sum_{i=1}^{n} r_i u_i = \sum_{i=1}^{n} (s r_i) u_i$$

として定める．

R 加群 M の元 x に対して

$$\mathrm{Ann}\,(x) = \{a \in R \mid ax = 0\}$$

は R のイデアルである．これを x の零化イデアルとよぶ．

以後 R を整域とする．R 加群 M の元 x に対して，0 でない R の元 r で $r \cdot x = 0$ となるものが存在するとき，x をねじれ元とよぶ．M のすべてのねじれ元の集まりを $t(M)$ で表すと，次の命題より $t(M)$ は部分加群となる．これをねじれ部分加群という．

命題 2.1.16 ねじれ元の集まり $t(M)$ は M の R 部分加群となる．また剰余加群 $M/t(M)$ のねじれ元は 0 のみである．

証明 x_1, x_2 を $t(M)$ の元とすると，0 でない R の元 r_1, r_2 が存在して $r_i \cdot x_i = 0\ (i = 1, 2)$ となる．このとき $(r_1 r_2) \cdot (x_1 + x_2) = 0$ であり，R は整域なので $r_1 r_2 \neq 0$．よって $x_1 + x_2$ はねじれ元となる．また $r \in R$ について $r_1 \cdot (r x_1) = 0$ となるので，$r x_1$ もねじれ元となり $t(M)$ は R 部分加群となる．

$x + t(M)$ を $M/t(M)$ のねじれ元とすると,R の 0 でない元 r が存在して $rx \in t(M)$ となる.よってさらに 0 でない R の元 s が存在して $srx = 0$ となる.R は整域なので $sr \neq 0$ であり,x はねじれ元となる.よって $M/t(M)$ のねじれ元は 0 のみであることが示された.　　　□

ちなみに R を体とすると,ねじれ部分加群は $t(M) = \{0\}$ となる.これは $x \in t(M)$ であれば $rx = 0$ となる 0 でない元 r が存在することになるが,R が体であるので r の逆元が存在する.これより $x = r^{-1}rx = 0$ となるからである.よってねじれ部分加群はベクトル空間には現れず,環上の加群の設定で初めて登場する概念である.

体上のベクトル空間では,基底を構成するベクトルの個数はそのとり方によらずに一定である.自由 R 加群には基底が存在するが,その個数はベクトル空間の場合と同様に基底のとり方によらない.R が整域の場合に,この事実を示しておこう.

定理 2.1.17　R を整域とする.このとき有限生成自由 R 加群 M の基底 $\{u_1, \cdots, u_m\}$ の個数 m は,基底のとり方によらず一定である.

証明　$S = R \setminus \{0\}$ とおき,積集合 $R \times S$ に次の同値関係を導入する:

$$(a_1, s_1) \sim (a_2, s_2) \iff s_2 a_1 = s_1 a_2.$$

同様に積集合 $M \times S$ にも次の同値関係を導入する:

$$(x_1, s_1) \sim (x_2, s_2) \iff s_2 x_1 = s_1 x_2.$$

これらが反射律と対称律を満たすことは自明なので,推移律を確かめる.$M \times S$ の場合は,$(x_1, s_1) \sim (x_2, s_2), (x_2, s_2) \sim (x_3, s_3)$ とすると,

$$s_2 x_1 = s_1 x_2,\ s_3 x_2 = s_2 x_3 \Longrightarrow s_2 s_3 x_1 = s_1 s_3 x_2 = s_1 s_2 x_3.$$

よって $s_2(s_3 x_1 - s_1 x_3) = 0$ であるが,R が整域で M が自由なので $s_3 x_1 - s_1 x_3 = 0$.つまり $(x_1, s_1) \sim (x_3, s_3)$ となり推移律が確認できる.$R \times S$ の場合も R が整域であることを使えば同様に証明できる.

(a, s) を含む $R \times S$ の同値類を a/s, (x, s) を含む $M \times S$ の同値類を x/s で表し,それらすべての集まりを

$$R_S = \{a/s \mid a \in R, \ s \in S\},$$
$$M_S = \{x/s \mid x \in M, \ s \in S\}$$

とおく.ここで R_S に次の和と積を定義する:

$$a_1/s_1 + a_2/s_2 = (s_2 a_1 + s_1 a_2)/s_1 s_2,$$
$$(a/s) \cdot (b/t) = ab/st.$$

これらの演算が代表のとり方によらないことは容易に確認できる.また R_S はこれらの演算について体になっていることもわかる.よって整域 R から体 R_S を作ることができた.ここで R の元 a を $a/1 \in R_S$ に対応させることで,R は R_S の部分環と見なせる.構成の仕方からわかるように,ここでの議論は $R = \mathbb{Z}$ から $R_S = \mathbb{Q}$ を作る手順を一般化したものである.

同様に M_S に和と体 R_S によるスカラー積を

$$x_1/s_1 + x_2/s_2 = (s_2 x_1 + s_1 x_2)/s_1 s_2,$$
$$(a/t) \cdot (x/s) = ax/st$$

で定める.ここでの和とスカラー積も,代表のとり方によらずに定まっていることが確認できる.よって M_S はこの 2 つの演算のもとで,R_S 上のベクトル空間になる.また M が M_S の部分加群と見なせることも同様である.

さて M の基底 $\{u_1, \cdots, u_m\}$ は,$M \subset M_S$ により自然に M_S の元になるが,実はこれらは M_S の R_S ベクトル空間としての基底になっている.これを見るには

$$(a_1/s_1)u_1 + \cdots + (a_m/s_m)u_m = 0$$

とおき,両辺に $s_1 \cdots s_m$ をかけると

$$(a_1 s_2 \cdots s_m)u_1 + \cdots + (a_m s_1 \cdots s_{m-1})u_m = 0$$

を得るが，$\{u_1,\cdots,u_m\}$ は M の基底なので，すべての u_i の係数は零になる．一方 $s_i \neq 0$ なので $a_1 = \cdots = a_m = 0$ となり，$\{u_1,\cdots,u_m\}$ の一次独立性が示された．

また M_S の任意の元 x/s に対して，$x = a_1 u_1 + \cdots + a_m u_m$ とかけるので

$$x/s = (a_1 u_1 + \cdots + a_m u_m)/s = (a_1/s) u_1 + \cdots + (a_m/s) u_m.$$

つまり M_S は $\{u_1,\cdots,u_m\}$ で生成される．よって $\{u_1,\cdots,u_m\}$ はベクトル空間 M_S の基底になっていることが示された．

ベクトル空間の次元は基底のとり方によらず一定に定まるため，m は $\{u_1,\cdots,u_m\}$ のとり方によらず一定．これで定理が証明できた． □

ここに出てくる一定の値 m を自由 R 加群 M の階数といい，Rank M で表す．

定理 2.1.18 R を単項イデアル整域とする．有限生成自由 R 加群 M の部分加群 N は自由 R 加群であり，Rank $N \leq$ Rank M となる．

証明 M の基底を $\{u_1,\cdots,u_m\}$ とし，次の部分 R 加群

$$M_i = \langle u_1,\cdots,u_i \rangle, \quad N_i = M_i \cap N \quad (1 \leq i \leq m)$$

を用意する．このとき

$$\{0\} \subset N_1 \subset \cdots \subset N_m = N$$

であるが，$N_{i-1} \subsetneq N_i$ なる i のみを集め，それらを小さい順に並べて $i_1,\cdots,i_l$ としよう（$N_0 = \{0\}$ としておく）．

さて N_{i_k} の元 x は $x = a_1 u_1 + \cdots + a_{i_k} u_{i_k}$ の形に一意に表せるので，N_{i_k} から R への写像 $\varphi_k : N_{i_k} \to R$

$$\varphi_k(x) = a_{i_k}$$

を定めることができる．この写像が R 準同型写像になっていることは容易に確かめられる．

よって $\operatorname{Im} \varphi_k$ は R のイデアルとなり，仮定からある $b_k \in R$ を用いて $\operatorname{Im} \varphi_k = (b_k)$ と表せる．ここで b_k の逆像の元の 1 つを $x_k \in N_{i_k}$ と選んでおく．このとき $\{x_1, \cdots, x_k\}$ は N_{i_k} に含まれているが，これが N_{i_k} の基底になることを k についての帰納法で示そう．

$k = 0$ のときは，$N_{i_0} = \{0\}$ としておけば明らかに成り立つ．そこで $k-1$ まで成立すると仮定する．任意の $x \in N_{i_k}$ が $\{x_1, \cdots, x_k\}$ による一意な表示をもつことを示せばいいが，ここで $\varphi_k(x) = a_{i_k}$ とすれば $a_{i_k} \in (b_k)$ より $a_{i_k} = c b_k$ と一意に表せる．このとき

$$\varphi_k(x - c x_k) = a_{i_k} - c b_k = 0$$

より，$x - c x_k$ は $N_{i_k - 1} = N_{i_{k-1}}$ の元となる．これより帰納法の仮定から一意な表示

$$x - c x_k = c_1 x_1 + \cdots + c_{k-1} x_{k-1}$$

をもつ．これより x が $\{x_1, \cdots, x_k\}$ によって一意に表せることが示される．よって $\{x_1, \cdots, x_k\}$ は N_{i_k} の基底となる．$k = l$ の場合が定理の主張である．
□

2.1.3 $\mathbb{Z}$ 加群

さてここで環 R を $\mathbb{Z}$ に限定して，$\mathbb{Z}$ 加群の構造を詳しく調べてみよう．$\mathbb{Z}$ 加群 M の元 g に対して $\langle g \rangle = \mathbb{Z} g$ は M の部分加群となるが，$\langle g \rangle$ の元の個数を g の位数とよぶ．

命題 2.1.19 g を $\mathbb{Z}$ 加群 M の元とし，その位数を $t < \infty$ とする．このとき $0, g, 2g, \cdots, (t-1)g$ は相異なり，さらに $tg = 0$ となる．また $\langle g \rangle$ は

$$\langle g \rangle = \{0, g, 2g, \cdots, (t-1)g\} \tag{2.1.1}$$

で与えられ，$\mathbb{Z}/t\mathbb{Z}$ と同型になる．

証明 g の位数 t は有限なので，$ng = mg$ なる整数 n, m $(n < m)$ が存在する．すなわちある自然数 c で，$cg = 0$ となるものが存在する．そのような

自然数の最小値を $c_0 = \min\{c \in \mathbb{N} \mid cg = 0\}$ とおく．すると各整数 n を $n = qc_0 + r,\ 0 \leq r < c_0$ と表すと，$ng = qc_0 g + rg = rg$ となる．すなわち

$$\langle g \rangle = \{0, g, 2g, \cdots, (c_0 - 1)g\}$$

を得る．

次に $0, g, 2g, \cdots, (c_0 - 1)g$ は相異なることを示す．まず $ng = 0$ なる整数 n は $c_0 \mid n$ となることに注意しよう．これは $n = qc_0 + r,\ 0 \leq r < c_0$ と表すと，$0 = ng = qc_0 g + rg = rg$ となり，c_0 の最小性から $r = 0$ が従うからである．そこで $ig = jg,\ 0 \leq i \leq j \leq c_0 - 1$ とすると，$c_0 \mid j - i$．これより $i = j$ でなければならない．

よって $\langle g \rangle$ の位数が t であることから $c_0 = t$ となり，式 (2.1.1) を得る．その他の主張はこれまでの証明から明らかであろう． □

位数有限の元 g で生成される $\mathbb{Z}$ 加群 $\langle g \rangle$ を有限巡回群といい，位数無限大の元で生成される $\langle g \rangle$ を無限巡回群とよぶ．

■ **例 2.1.20** 非零整数 n に対して $\mathbb{Z}$ 加群 $n\mathbb{Z}$ は無限巡回群，$\mathbb{Z}/n\mathbb{Z}$ は位数 $|n|$ の有限巡回群である．

■ **例 2.1.21** $\mathbb{Z}$ 加群 $\mathbb{Z}, \mathbb{Z}/m_i\mathbb{Z}\ (m_i \geq 2, i = 1, \cdots, t)$ の直和加群

$$M = \mathbb{Z}^s \oplus \mathbb{Z}/m_1\mathbb{Z} \oplus \cdots \oplus \mathbb{Z}/m_t\mathbb{Z}$$

を考える．M のねじれ部分加群は $t(M) = \mathbb{Z}/m_1\mathbb{Z} \oplus \cdots \oplus \mathbb{Z}/m_t\mathbb{Z}$ で与えられ，これは位数 m_i の有限巡回群の直和で与えられている．また $M/t(M)$ は自由部分加群 $\mathbb{Z}^s$ と同型であり，無限巡回群の直和で与えられている．ねじれ部分加群 $t(M)$ では基底がとれないことにも注意しておこう．

■ **例 2.1.22** 有限巡回群 $\mathbb{Z}_{p^n}$ 上で $\mathbb{Z}$ 準同型写像

$$f : \mathbb{Z}_{p^n} \ni x \mapsto px \in \mathbb{Z}_{p^n}$$

を考える．$0 \leq i, j < p^n$ について

$$pi - pj \in p^n \mathbb{Z} \iff i - j \in p^{n-1}\mathbb{Z}$$

である.よってこの f の像を $p\mathbb{Z}_{p^n}$ で表すと

$$p\mathbb{Z}_{p^n} = \{[0], [p], [2p], \cdots, [p^n - p]\}$$

で与えられる.これより準同型写像 $\varphi : p\mathbb{Z}_{p^n} \to \mathbb{Z}_{p^{n-1}}$ を $1/p$ 倍する操作で定義することで,同型

$$p\mathbb{Z}_{p^n} \simeq \mathbb{Z}_{p^{n-1}}$$

を得る.

次に自由 $\mathbb{Z}$ 加群 $\mathbb{Z}^m$ の,基底と基底変換について考察してみる.以後 $\mathbb{Z}^m$ の元を列ベクトルとして扱い,太文字 $\boldsymbol{a}, \boldsymbol{b}$ などで表記する.また n 個の $\mathbb{Z}^m$ の元 $\boldsymbol{v}_1, \cdots, \boldsymbol{v}_n$ を列ベクトルにもつ行列を $(\boldsymbol{v}_1 \cdots \boldsymbol{v}_n)$ で表す.$n \times m$ 整数係数行列の全体を

$$M_{n,m}(\mathbb{Z}) = \left\{ A = \begin{pmatrix} a_{11} & \cdots & a_{1m} \\ \vdots & & \vdots \\ a_{n1} & \cdots & a_{nm} \end{pmatrix} \middle| a_{ij} \in \mathbb{Z} \right\},$$

$n = m$ の場合は $M_n(\mathbb{Z})$ で表す.さらに n 次単位行列は I_n で表す.

まず $\mathbb{Z}^m$ では標準基底

$$\boldsymbol{e}_1 = \begin{pmatrix} 1 \\ 0 \\ \vdots \\ 0 \end{pmatrix}, \ \boldsymbol{e}_2 = \begin{pmatrix} 0 \\ 1 \\ \vdots \\ 0 \end{pmatrix}, \ \cdots, \ \boldsymbol{e}_m = \begin{pmatrix} 0 \\ 0 \\ \vdots \\ 1 \end{pmatrix}$$

が存在する.一般に m 個の $\mathbb{Z}^m$ の元が基底になるための必要十分条件は,次で与えられる:

命題 2.1.23 m 個のベクトル $\boldsymbol{v}_1, \cdots, \boldsymbol{v}_m$ が $\mathbb{Z}^m$ の基底になる必要十分条件は $(\boldsymbol{v}_1 \cdots \boldsymbol{v}_m)$ の逆行列が存在し,かつそれが整数係数行列になることである.

証明 $v_1, \cdots, v_m$ が $\mathbb{Z}^m$ の基底であるとしよう.すると標準基底の各元 e_i は,$v_1, \cdots, v_m$ を用いて
$$e_i = \sum_{j=1}^{m} a_{ji} v_j$$
と表せる.行列表示すると
$$(e_1 \cdots e_m) = (v_1 \cdots v_m) A, \quad A = \begin{pmatrix} a_{11} & \cdots & a_{1m} \\ \vdots & & \vdots \\ a_{m1} & \cdots & a_{mm} \end{pmatrix}$$
となる.これは A が整数係数行列で,行列 $(v_1 \cdots v_m)$ の逆行列になっていることを示している.

逆に行列 $(v_1 \cdots v_m)$ の整数係数逆行列 A が存在したとする.まず
$$\mathbf{0} = c_1 v_1 + \cdots + c_m v_m, \quad c_i \in \mathbb{Z}$$
とすると,この両辺に A をかけることで
$$\mathbf{0} = c_1 A v_1 + \cdots + c_m A v_m = c_1 e_1 + \cdots + c_m e_m$$
となる.これより $c_1 = \cdots = c_m = 0$ となるので,$v_1, \cdots, v_m$ は一次独立となる.自由 $\mathbb{Z}$ 加群 $\mathbb{Z}^m$ の階数は m なので,これらは基底となる. □

この命題の系として次が得られる.

系 2.1.24 $v_1, \cdots, v_m$ を $\mathbb{Z}^m$ の基底とし,$Q \in M_m(\mathbb{Z})$ とする.このとき行列 $(u_1 \cdots u_m) = (v_1 \cdots v_m) Q$ の列ベクトルが $\mathbb{Z}^m$ の基底になる必要十分条件は,Q の逆行列が存在し Q^{-1} が整数係数行列になることである.

証明 $V = (v_1 \cdots v_m)$, $U = (u_1 \cdots u_m)$ とする.$u_1, \cdots, u_m$ が $\mathbb{Z}^m$ の基底ならば命題 2.1.23 より U の整数係数からなる逆行列 U^{-1} が存在する.$U = VQ$ の左から U^{-1} をかけると $I_n = U^{-1} V Q$ となるが,これは $U^{-1} V$ が Q の整数係数の逆行列になっていることを意味する.一方 Q^{-1} を Q の整数係数逆行列とすると,U の逆行列は $U^{-1} = Q^{-1} V^{-1}$ で与えられる.$v_1, \cdots, v_m$ は基底な

のでこの U^{-1} は整数係数行列となる．よって命題 2.1.23 より $u_1, \cdots, u_m$ は $\mathbb{Z}^m$ の基底となる． □

この系に現れる行列 Q を，基底 $v_1, \cdots, v_m$ から $u_1, \cdots, u_m$ への基底変換行列とよぶ．

ここで基底変換の際に便利な基本行列を導入しておく．

[**定義 2.1.25**] 次の 3 つの正方行列を，環 $\mathbb{Z}$ の基本行列とよぶ．

(i)

$$E_{ij} = \begin{pmatrix} 1 & & & & & & & & & \\ & \cdot & & & & & & & & \\ & & 1 & & & & & & & \\ & & & 0 & \cdot\cdot & 0 & 1 & & & \\ & & & \cdot & 1 & & 0 & & & \\ & & & \cdot & & \cdot & & & & \\ & & & 0 & 1 & & \cdot & & & \\ & & & 1 & 0 & \cdot\cdot & 0 & & & \\ & & & & & & & 1 & & \\ & & & & & & & & \cdot & \\ & & & & & & & & & 1 \end{pmatrix} \begin{matrix} \\ \\ \\ i\text{行} \\ \\ \\ \\ j\text{行} \\ \\ \\ \end{matrix}$$

(ii)

$$E_i = \begin{pmatrix} 1 & & & & & & \\ & \cdot & & & & & \\ & & 1 & & & & \\ & & & -1 & & & \\ & & & & 1 & & \\ & & & & & \cdot & \\ & & & & & & 1 \end{pmatrix} i\text{行}$$

(iii) $c \in \mathbb{Z}$ として

● $i < j$ の場合　　　　　　● $i > j$ の場合

$$E_{ij}(c) = \begin{pmatrix} 1 & & & & & & & \\ & \cdot & & & & & & \\ & & 1 & 0 & \cdot & \cdot & c & \\ & & 0 & 1 & & & 0 & \\ & & \cdot & & \cdot & & \cdot & \\ & & \cdot & & & 1 & 0 & \\ & & 0 & \cdot & \cdot & 0 & 1 & \\ & & & & & & & \cdot \\ & & & & & & & & 1 \end{pmatrix} \begin{matrix} i行 \\ \\ \\ \\ j行 \end{matrix}$$

$$E_{ij}(c) = \begin{pmatrix} 1 & & & & & & & \\ & \cdot & & & & & & \\ & & 1 & 0 & \cdot & \cdot & 0 & \\ & & 0 & 1 & & & 0 & \\ & & \cdot & & \cdot & & \cdot & \\ & & \cdot & & & 1 & 0 & \\ & & c & \cdot & \cdot & 0 & 1 & \\ & & & & & & & \cdot \\ & & & & & & & & 1 \end{pmatrix} \begin{matrix} j行 \\ \\ \\ \\ i行 \end{matrix}$$

このとき次の命題が成り立つ．証明は容易である．

命題 2.1.26 基本行列の逆行列は基本行列であり，その逆行列はそれぞれ次で与えられる．

(i) $E_{ij}^{-1} = E_{ij}$
(ii) $E_i^{-1} = E_i$
(iii) $E_{ij}(c)^{-1} = E_{ij}(-c)$

よって $\mathbb{Z}^m$ の与えられた基底 $\boldsymbol{v}_1, \cdots, \boldsymbol{v}_m$ に対して，基本行列 E をかけて得られる行列 $U = (\boldsymbol{v}_1 \cdots \boldsymbol{v}_m)E$ の列ベクトルは $\mathbb{Z}^m$ の基底になる．ちなみに，基本行列 E_i は線形代数との類似として考えると

$$\begin{pmatrix} 1 & & & & & & \\ & \cdot & & & & & \\ & & 1 & & & & \\ & & & c & & & \\ & & & & 1 & & \\ & & & & & \cdot & \\ & & & & & & 1 \end{pmatrix} \begin{matrix} \\ \\ \\ i行 \\ \\ \\ \end{matrix} , \quad c \in \mathbb{Z}$$

となりそうだが，$|c| > 1$ とすると逆行列が整数係数にならないので，$\mathbb{Z}^m$ の基

底変換としては不適となる．

次に $\mathbb{Z}^m$ とは限らない一般の階数 m の自由 $\mathbb{Z}$ 加群 M を考えよう．線形代数ではおなじみであるが，加群の場合も M の基底 $v_1, \cdots, v_m$ を指定することで，M の元と $\mathbb{Z}^m$ の元は

$$M \ni a_1 v_1 + \cdots + a_m v_m \longleftrightarrow \begin{pmatrix} a_1 \\ \vdots \\ a_m \end{pmatrix} \in \mathbb{Z}^m$$

により $\mathbb{Z}$ 同型として対応する．$\mathbb{Z}^m$ による M の表し方を基底 $v_1, \cdots, v_m$ による座標表示とよぶ．

この同型対応のもとで，M の与えられた基底 $v_1, \cdots, v_m$ に対して，行列 $Q = (q_{ij})$ による基底変換を

$$(u_1 \cdots u_m) = (v_1 \cdots v_m) Q$$

で表す．これは上式を行列表示だと思い，その列ベクトルごとに対応する u_i ごとに

$$u_i = \sum_{j=1}^{m} q_{ji} v_j$$

で定まる基底変換として扱うことと同じである．

同様に M の元を

$$(v_1 \cdots v_m) \begin{pmatrix} a_1 \\ \vdots \\ a_m \end{pmatrix} = a_1 v_1 + \cdots + a_m v_m$$

と表すこともある．また M の元 x を 2 通りの基底を用いて $x = \sum_{i=1}^{n} a_i v_i = \sum_{i=1}^{n} b_i u_i$ と表した場合

$$(v_1 \cdots v_m) \begin{pmatrix} a_1 \\ \vdots \\ a_m \end{pmatrix} = (u_1 \cdots u_m) \begin{pmatrix} b_1 \\ \vdots \\ b_m \end{pmatrix} = (v_1 \cdots v_m) Q \begin{pmatrix} b_1 \\ \vdots \\ b_m \end{pmatrix}$$

となる．よって対応する座標表示間には

$$\begin{pmatrix} a_1 \\ \vdots \\ a_m \end{pmatrix} = Q \begin{pmatrix} b_1 \\ \vdots \\ b_m \end{pmatrix} \tag{2.1.2}$$

なる関係式が成り立つ．

特に基本行列を右からかける操作は，次の基底変換にそれぞれ対応する．

(i) v_i と v_j の入れ替え：

$$(v_1 \cdots v_j \cdots v_i \cdots v_m) = (v_1 \cdots v_i \cdots v_j \cdots v_m) E_{ij}$$

(ii) v_i を $-v_i$ に変更：

$$(v_1 \cdots -v_i \cdots v_m) = (v_1 \cdots v_i \cdots v_m) E_i$$

(iii) v_j を $v_j + cv_i$ で置き換え：

$$(v_1 \cdots v_i \cdots v_j + cv_i \cdots v_m) = (v_1 \cdots v_i \cdots v_j \cdots v_m) E_{ij}(c)$$

最後に $\mathbb{Z}$ 準同型写像の行列表示について解説する．M を階数 m，N を階数 n の自由 $\mathbb{Z}$ 加群とし，それぞれの基底を $u_1, \cdots, u_m \in M$, $v_1, \cdots, v_n \in N$ とする．すると $\mathbb{Z}$ 準同型写像 $f : M \to N$ は，M の任意の元が $u = c_1 u_1 + \cdots + c_m u_m$ と一意に表され，さらに準同型性から

$$f(u) = c_1 f(u_1) + \cdots + c_m f(u_m)$$

となることから

$$f(u_j) = \sum_{i=1}^{n} a_{ij} v_i \tag{2.1.3}$$

に現れる $a_{ij} \in \mathbb{Z}$ を指定することで定まる．この行列 $A = (a_{ij}) \in M_{n,m}(\mathbb{Z})$ を，準同型写像 f の基底 $\{u_1, \cdots, u_m\}, \{v_1, \cdots, v_n\}$ に関する表現行列とよぶ．ここで (2.1.3) の行列表示

$$(f(u_1) \cdots f(u_m)) = (v_1 \cdots v_n) A$$

も便利なので今後使用する．この等式は，両辺の j 列目は (2.1.3) で与えられる，という意味である．

M の元 x が N の元 $y = f(x)$ に写されたとする．ここで $\boldsymbol{x}$ を x の基底 $u_1, \cdots, u_m$ に関する座標表示，$\boldsymbol{y}$ を y の基底 $v_1, \cdots, v_n$ に関する座標表示とする．$U = (u_1 \cdots u_m)$, $V = (v_1 \cdots v_n)$ とおくと，$x = U\boldsymbol{x}$, $y = V\boldsymbol{y}$ であるので

$$V\boldsymbol{y} = y = f(x) = f(U\boldsymbol{x}) = VA\boldsymbol{x}.$$

よって $\mathbb{Z}$ 準同型写像は座標表示を用いると

$$\boldsymbol{y} = A\boldsymbol{x}$$

で表されることになる．この関係を図示すると図 2.1 となる．

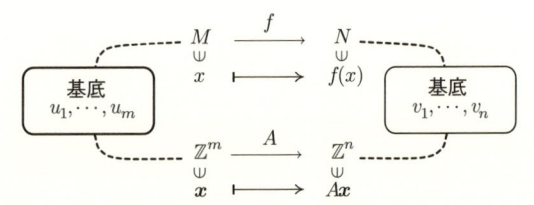

図 2.1 $\mathbb{Z}$ 準同型写像 $f: M \to N$ と行列表示 A の関係

さらに基底変換にともなう，$\mathbb{Z}$ 準同型写像 $f: M \to N$ の表現行列の変化もおさらいしておこう．

命題 2.1.27 M の 2 つの基底 $\{u_1, \cdots, u_m\}, \{u'_1, \cdots, u'_m\}$ とそれらの間の基底変換を

$$U' = UP, \quad U = (u_1 \cdots u_m), \ U' = (u'_1 \cdots u'_m),$$

N の 2 つの基底 $\{v_1, \cdots, v_n\}, \{v'_1, \cdots, v'_n\}$ とそれらの間の基底変換を

$$V' = VQ, \quad V = (v_1 \cdots v_n), \ V' = (v'_1 \cdots v'_n)$$

とする．また U, V に関する f の表現行列を A, U', V' に関する表現行列を B とする．このとき

$$B = Q^{-1}AP.$$

証明 $f(U')$ は

$$f(U') = f(UP) = VAP$$

と

$$f(U') = V'B = VQB$$

の2通りの方法で計算される．ここで $V = (v_1 \cdots v_n)$ は一次独立なので，$VAP = VQB$ の各列ベクトルから得られる等式から $AP = QB$ となる．よって $B = Q^{-1}AP$ を得る． □

与えられた基底に基本行列をかけることで，新しい基底が得られることはすでに説明した．例えば上の命題の状況で P が定義 2.1.25 の 3 種類の基本行列で与えられる場合，対応する表現行列 AP はそれぞれ

(i) A の i 列と j 列の交換,
(ii) A の i 列を -1 倍,
(iii) A の j 列に i 列の c 倍を加える

という操作に対応する．このように行列 A に右から基本行列をかける操作を列基本変形とよぶ．同様に Q が 3 種類の基本行列で与えられる場合の $Q^{-1}A$ を行基本変形といい，それぞれ

(i) A の i 行と j 行の交換,
(ii) A の i 行を -1 倍,
(iii) A の i 行に j 行の $-c$ 倍を加える

で与えられることになる．

有限階数自由 $\mathbb{Z}$ 加群上の $\mathbb{Z}$ 準同型写像 $f: M \to N$ が与えられたとき，適当な基本変形を施すことで，より単純な形の表現行列に変換したい．この要望に応えるものとして，次の項でスミス標準形を導入する．

2.1.4 $\mathbb{Z}$ 係数行列のスミス標準形

この項では，任意の行列 $A \in M_{n,m}(\mathbb{Z})$ は基本変形を施すことで

$$B = Q^{-1}AP = \left(\begin{array}{ccc|c} c_1 & & 0 & \\ & \ddots & & 0 \\ 0 & & c_k & \\ \hline & 0 & & 0 \end{array} \right), \qquad (2.1.4)$$

$$c_i \in \mathbb{N},\ c_i \mid c_{i+1},\ i = 1, \cdots, k-1$$

の形に変換できることを証明する[2]．ここで $Q \in M_n(\mathbb{Z})$ と $P \in M_m(\mathbb{Z})$ は基本行列の適当な積で構成される．

与えられた行列 A を B の形に変形しておけば，核と像が容易に求まることが最大の特徴である．すなわち新たに得られた基底に関しては，核と像はそれぞれ

$$\mathrm{Ker}\,B = \mathbb{Z}\boldsymbol{e}_{k+1} + \cdots + \mathbb{Z}\boldsymbol{e}_m \subset \mathbb{Z}^m,$$
$$\mathrm{Im}\,B = c_1\mathbb{Z}\boldsymbol{e}_1 + \cdots + c_k\mathbb{Z}\boldsymbol{e}_k \subset \mathbb{Z}^n$$

で与えられる．これより座標変換の公式 (2.1.2) を思い出すと，もとの基底に関する核と像が

$$\mathrm{Ker}\,A = P(\mathrm{Ker}\,B),$$
$$\mathrm{Im}\,A = Q(\mathrm{Im}\,B)$$

として求まる．

2.2 節で導入されるホモロジー群は，境界作用素とよばれる $\mathbb{Z}$ 準同型写像の核と像を用いて定義される．このとき境界作用素をスミス標準形に変形しておけば，ホモロジー群の具体的な計算の際に便利である．

---

[2] 線形代数に出てくる通常の行列の対角化を思い出させる形であるが，2 つ異なる点がある．(i) 行列は正方行列でなくてもよい．(ii) $\mathbb{Z}^m$ と $\mathbb{Z}^n$ の両方で基底変換ができる．よってたとえ $n = m$ の場合でも，P と Q は異なるものがとれるため，通常の行列の対角化より制限を緩めた問題設定になっている．

ここでいくつかの記号を用意しておく. 行列 $A = (a_{ij}) \in M_{n,m}(\mathbb{Z})$ に対して, $A[n_1 : n_2, m_1 : m_2]$ を部分行列

$$A[n_1 : n_2, m_1 : m_2] = \begin{pmatrix} a_{n_1,m_1} & \cdots & a_{n_1,m_2} \\ \vdots & & \vdots \\ a_{n_2,m_1} & \cdots & a_{n_2,m_2} \end{pmatrix}$$

を表す記号とする. $n_1 = n_2$ や $m_1 = m_2$ の場合も, 同様の記号 $A[n_1, m_1 : m_2]$ や $A[n_1 : n_2, m_1]$ を用いる.

また, 基本行列を用いて行列 A から行列 B に変形する 4 つの操作を導入しておく. 以下において k を自然数とし, それぞれの仮定を満たさない場合, 対応する操作は定義されないものとする.

(i) $B = \mathrm{moveMN}(A, k)$. 仮定: $k \leq \min\{n, m\}$.
部分行列 $A[k : n, k : m]$ の非零要素 $A[i, j]$ であって絶対値が最小のものを基本変形で (k, k) 成分へ移動させた行列 (MN は Minimum Nonzero の頭文字).

(ii) $B = \mathrm{rowR}(A, k)$. 仮定: $k < n$ かつ $A[k, k] \neq 0$.
各 $k < i \leq n$ に対して $A[i, k] = qA[k, k] + r$, $0 \leq r < |A[k, k]|$ とするとき, 行の基本変形

$$B[i, 1 : m] = A[i, 1 : m] - qA[k, 1 : m]$$

を施した行列 (R は Reduction の頭文字). ちなみに $A[k : n, 1 : k-1] = 0$ なる行列にのみ, 今後この操作は適用される.

(iii) $B = \mathrm{colR}(A, k)$. 仮定: $k < m$ かつ $A[k, k] \neq 0$.
各 $k < i \leq m$ に対して $A[k, i] = qA[k, k] + r$, $0 \leq r < |A[k, k]|$ とするとき, 列の基本変形

$$B[1 : n, i] = A[1 : n, i] - qA[1 : n, k]$$

を施した行列. ちなみに $A[1 : k-1, k : m] = 0$ なる行列にのみ, 今後この操作は適用される.

(iv) $B = \mathrm{remR}(A, k)$. 仮定：$k \leq \min\{n, m\}$ かつ $A[k, k] \neq 0$.
$k \leq i \leq n$, $k \leq j \leq m$ で $A[i, j] = qA[k, k] + r$, $0 < r < |A[k, k]|$ なる (i, j) に対して，基本変形

$$B'[i, 1:m] = A[i, 1:m] + qA[k, 1:m]$$
$$B[1:n, j] = B'[1:n, j] - B'[1:n, k]$$

を施した行列．ちなみに $A[k:n, 1:k-1] = 0$, $A[1:k-1, k:m] = 0$, $A[k+1:n, k] = 0$, $A[k, k+1:m] = 0$ なる行列にのみ，今後この操作は適用される．

ここで導入した操作 (i)〜(iv) は，A に適当な基本行列を左右からかけることで実現可能である．これらを用いて，本項の目標である次の定理を示そう．

定理 2.1.28 任意の行列 $A \in M_{n,m}(\mathbb{Z})$ は (2.1.5) に変換可能である．ここで P, Q は基本行列の合成で構成される．

この定理で得られる行列 (2.1.4) を A のスミス標準形とよぶ．

証明 次の形の行列

$$A = \left(\begin{array}{ccc|c} c_1 & & 0 & \\ & \ddots & & 0 \\ 0 & & c_{k-1} & \\ \hline & 0 & & \tilde{A} \end{array} \right), \tag{2.1.5}$$

$\tilde{A} \neq 0$, $c_i \mid c_{i+1}$, $i = 1, \cdots, k-2$, かつ $c_{k-1} \mid \tilde{A}$

が，基本行列の合成 P, Q を用いて

$$B = Q^{-1}AP = \left(\begin{array}{cccc|c} c_1 & & & 0 & \\ & \ddots & & & 0 \\ & & c_{k-1} & 0 & \\ 0 & & 0 & c_k & \\ \hline & & & & \\ & 0 & & & \tilde{B} \\ & & & & \end{array}\right), \quad (2.1.6)$$

$c_i \mid c_{i+1},\ i=1,\cdots,k-1,$ かつ $c_k \mid \tilde{B}$

へ変換できることを示す．この命題を帰納的に用いることで，定理は証明できる．ちなみに記号 $c_{k-1} \mid \tilde{A}$ は，c_{k-1} が行列 $\tilde{A}$ のすべての成分を割り切るという意味で用いている．

ここで図 2.2 のフローチャートを考えよう．入力行列 A_0 は式 (2.1.5) で与える．フローチャートには 3 つ条件式（点線で囲まれた箇所）が存在し，それらすべてを満たしたときに処理は終了する．この 3 つの条件を満たす行列 B は式 (2.1.6) を満たすので，このフローチャートが有限ステップでつねに終了することを示せばよい．

そこで $b^{(0)}$ を $A[k,k]$ の絶対値 $|A[k,k]|$ とし，p 回目の条件失敗ループから更新される A_1 を用いて $b^{(p)} = |A_1[k,k]|$ とおく．このとき数列 $\{b^{(p)}\}$ は単調減少 $b^{(p)} > b^{(p+1)}$ となることが以下に示される．自然数からなる単調減少数列なので，フローチャートは有限ステップで終了することになる．ここでは条件ループは 3 つあるので，それぞれのループに失敗した場合の $b^{(p)}$ の減少性を示せばよい．

まずはじめに $A_2[k+1:n, k] \neq 0$ の場合を考える．$A_2[k+1:n, k]$ の各成分は $A_1[k+1:n, k]$ を $A_1[k,k]$ で割った余りなので，$A_2[k+1:n, k]$ の非零成分は $b^{(p)}$ より小さくなる．よってこのループによって更新される $b^{(p+1)}$ は $b^{(p+1)} < b^{(p)}$ となる．次の $A_3[k, k+1:m] \neq 0$ の場合も，同様に $b^{(p+1)} < b^{(p)}$ が示せる．

次に $A_3[k,k]$ が $A_3[k+1:n, k+1:m]$ のある $A[i,j]$ を割り切らない場合を考えよう．この場合もループによって更新される A_0 の (i,j) 成分は $A_3[k,k]$

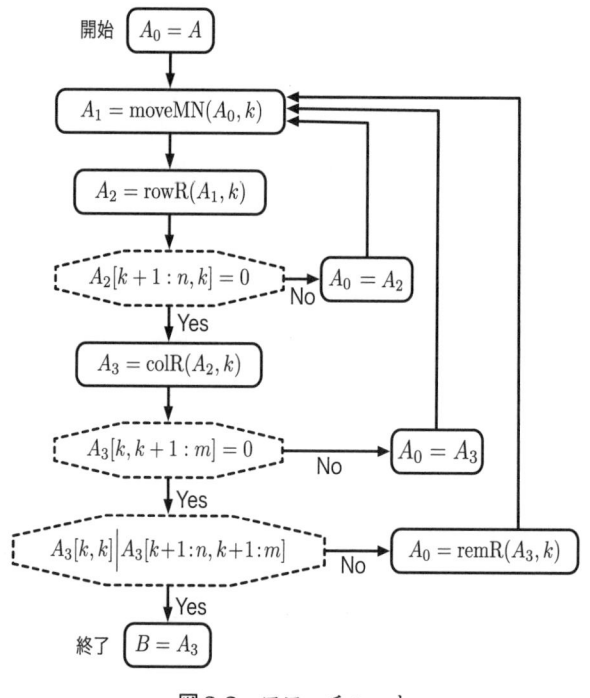

図 2.2 フローチャート

で割った余りなので，その絶対値は $b^{(p)}$ より小さくなる．よってこの場合も $b^{(p+1)} < b^{(p)}$ を得る．

次に $c_i \mid c_{i+1}, i = 1, \cdots, k-1$ を示さなければならないが，$i = 1, \cdots, k-2$ までは仮定から明らか．また仮定より $c_{k-1} \mid \tilde{A}$ であるが，式 (2.1.6) は式 (2.1.5) に条件失敗ループに応じた基本変形を施して得られるため，$c_{k-1} \mid c_k$ も従う．最後に c_i が負整数の場合は，適当な基本変形を施して自然数にしておけばよい． □

2.1.5 有限生成 $\mathbb{Z}$ 加群の構造定理

この項では有限生成 $\mathbb{Z}$ 加群の構造定理を解説する．まず部分加群 $H \subset G \subset \mathbb{Z}^p$ の剰余加群 G/H について次が成り立つ．

定理 2.1.29 部分加群 $H \subset G \subset \mathbb{Z}^p$ の階数をそれぞれ n, m とする．このとき $s \in \mathbb{N}_0$ と $c_i \mid c_{i+1}$ となる自然数 $c_i > 1$, $i = 1, \cdots, s$ が存在して，剰余加群 G/H は G のある基底 $\{g_1, \cdots, g_m\}$ を用いて

$$G/H = \bigoplus_{i=1}^{s} \langle [g_i] \rangle \oplus \bigoplus_{i=n+1}^{m} \langle [g_i] \rangle$$

と表せる．ここで $\langle [g_i] \rangle$, $i = 1, \cdots, s$ は有限巡回群であり，その位数は c_i で与えられる．一方で $\langle [g_i] \rangle$, $i = n+1, \cdots, m$ は無限巡回群である．$s = 0$ の場合は有限巡回群に対応する直和成分は現れない．

証明 定理 2.1.18 より自由 $\mathbb{Z}$ 加群の部分加群は自由加群である．そこで G の基底を $u_1, \cdots, u_m$, H の基底を $v_1, \cdots, v_n$ とする．H は G の部分加群なので，包含写像 $\iota : H \to G$ のこの基底に関する表現行列 A が

$$(v_1 \cdots v_n) = (u_1 \cdots u_m) A$$

で定まる．

この行列 A は，定理 2.1.28 よりスミス標準形

$$B = Q^{-1} A P = \left(\begin{array}{ccc|c} c_1 & & 0 & \\ & \ddots & & 0 \\ 0 & & c_k & \\ \hline & 0 & & 0 \end{array} \right), \quad c_i \mid c_{i+1}, \quad i = 1, \cdots, k-1$$

に変換可能である．ここで P, Q は基本行列の合成で与えられ，それぞれ G, H に対して新しい基底

$$(g_1 \cdots g_m) = (u_1 \cdots u_m) Q,$$
$$(h_1 \cdots h_n) = (v_1 \cdots v_n) P$$

を定める．

さて包含写像 $\iota: H \to G$ の像の階数は n で与えられるので，スミス標準形 B において $k = n$, つまり

$$B = Q^{-1}AP = \begin{pmatrix} c_1 & & 0 \\ & \ddots & \\ 0 & & c_n \\ \hline & 0 & \end{pmatrix}, \qquad c_i \mid c_{i+1}, \ i = 1, \cdots, n-1$$

となる．G, H の新しい基底とその表現行列 B は

$$(h_1 \cdots h_n) = (g_1 \cdots g_m) \begin{pmatrix} c_1 & & 0 \\ & \ddots & \\ 0 & & c_n \\ \hline & 0 & \end{pmatrix}$$

の関係にあるので，$h_i = c_i g_i$, $1 \leq i \leq n$ が得られる．

最初に，ある $s > 0$ で $c_i = 1$, $1 \leq i \leq n - s$, $c_{n-s+1} \neq 1$ となる場合を考察する．このとき G の基底 $g_1, \cdots, g_m$ の剰余加群 G/H での像は

$$[g_i] = 0, \quad i = 1, \cdots, n - s,$$
$$[g_i] \neq 0, \quad i = n - s + 1, \cdots, m$$

となる．ここで $i = n - s + 1, \cdots, m$ について，$c[g_i] = 0$ なら $cg_i \in H$ より

$$cg_i = \sum_{j=1}^{n} \alpha_j c_j g_j, \quad \alpha_j \in \mathbb{Z}$$

と表せる．

これより $i = n - s + 1, \cdots, n$ の場合は，一次独立性より $c = \alpha_i c_i$ となる．よって c は c_i の倍数である必要があるが，$c_i[g_i] = [c_i g_i] = [h_i] = 0$ なので，$[g_i]$ の位数は c_i となり $\langle [g_i] \rangle$ は有限巡回群となる．

また $i = n+1, \cdots, m$ では，一次独立性より $c = 0$ となるので $\langle [g_i] \rangle$ は無限巡回群となる．

よって $G/H = \sum_{i=n-s+1}^{m} \langle [g_i] \rangle$ となるので，この分解の一意性を示せば直和分解となり定理は証明される．そこで G/H の元 $[g]$ が 2 通りの表示

$$[g] = \sum_{i=n-s+1}^{m} \alpha_i [g_i] = \sum_{i=n-s+1}^{m} \beta_i [g_i]$$

をもつとする．するとある $\gamma_1, \cdots, \gamma_n \in \mathbb{Z}$ を使って

$$\sum_{i=n-s+1}^{m} (\alpha_i - \beta_i) g_i = \sum_{i=1}^{n} \gamma_i c_i g_i \in H$$

と表せる．よって $i = n-s+1, \cdots, n$ では $\alpha_i - \beta_i = \gamma_i c_i$ となり，$\langle [g_i] \rangle$ の位数が c_i なので $\alpha_i [g_i] = \beta_i [g_i]$ を得る．一方 $i = n+1, \cdots, m$ では $\alpha_i = \beta_i$ となる．これより分解の一意性が示せた．適当に基底の番号を取り替えることで定理の形の直和分解が得られる．

最後に $s = 0$，すなわち $c_1 = \cdots = c_n = 1$ の場合は，これまでの議論より有限巡回群が現れない形の直和分解が得られる． □

この準備をもとに，有限生成 $\mathbb{Z}$ 加群の構造定理を示そう．

定理 2.1.30 M を有限生成 $\mathbb{Z}$ 加群とする．このとき M は巡回群の直和を用いて

$$M \simeq \left(\bigoplus_{i=1}^{s} \mathbb{Z}_{c_i} \right) \oplus \mathbb{Z}^l,$$
$$c_i \mid c_{i+1}, \ i = 1, \cdots, s-1, \ c_i > 1$$

と表せる．さらにここに現れる $c_1, \cdots, c_s, s, l$ は，M の同型類から一意に定まる．

証明 $u_1, \cdots, u_m$ を M の生成元とする．ここで $\mathbb{Z}$ 準同型写像 $f : \mathbb{Z}^m \to M$ を，$\mathbb{Z}^m$ の標準基底 $\{e_1, \cdots, e_m\}$ に対して

$$f(e_i) = u_i$$

で定める.この写像は明らかに全射なので,準同型定理により同型

$$\mathbb{Z}^m/\mathrm{Ker}\ f \simeq M$$

を得る.一方 $\mathrm{Ker}\ f \subset \mathbb{Z}^m$ に定理 2.1.29 を適用すると,この左辺は $\mathbb{Z}^m$ の適当な基底 $\{g_1,\cdots,g_m\}$ を用いて

$$\bigoplus_{i=1}^{s}\langle[g_i]\rangle \oplus \bigoplus_{i=n+1}^{m}\langle[g_i]\rangle$$

と表せる.ここで $[g_i], i=1,\cdots,s$ は位数 c_i の有限巡回群,$[g_i], i=n+1,\cdots,m$ は無限巡回群とし,$\mathrm{Ker}\ f$ の階数を n としている.よって M の同型対応

$$M \simeq \left(\bigoplus_{i=1}^{s}\mathbb{Z}_{c_i}\right) \oplus \mathbb{Z}^{m-n} \qquad (2.1.7)$$

を得る.ここで $c_i \mid c_{i+1}, i=1,\cdots,s-1$ は定理 2.1.29 より従う.

次に一意性を示す.まず各 c_i の素因数分解を

$$c_i = \prod_j p_j^{n_{j,i}}, \quad n_{j,i} \in \mathbb{N}$$

で表す.異なる素数は互いに素なので,命題 2.1.2 より $j \neq k$ について $\left(p_j^{n_{j,i}}\right) + \left(p_k^{n_{k,i}}\right) = \mathbb{Z}$ が成り立つ.よって中国剰余定理 2.1.7 より,$\mathbb{Z}_{c_i}$ は

$$\mathbb{Z}_{c_i} \simeq \bigoplus_j \mathbb{Z}_{p_j^{n_{j,i}}}$$

となる.よって式 (2.1.7) は次の形に表せる:

$$M \simeq \left(\bigoplus_{1 \leq j \leq l} \bigoplus_{1 \leq i \leq r(j)} \mathbb{Z}_{p_j^{n_{j,i}}}\right) \oplus \mathbb{Z}^{m-n}. \qquad (2.1.8)$$

ここで $n_{j,i} \in \mathbb{N}_0$ である.また $n_{j,i}$ は $c_i \mid c_{i+1}$ より,i に関する非減少列 $n_{j,1} \leq n_{j,2} \leq \cdots \leq n_{j,r(j)}$ となる.そこで分解 (2.1.8) の一意性を示すことで,(2.1.7) の一意性を証明しよう.

まず M のねじれ部分加群 $t(M)$ は

$$t(M) \simeq \bigoplus_{1 \leq j \leq l} \bigoplus_{1 \leq i \leq r(j)} \mathbb{Z}_{p_j^{n_{j,i}}}$$

で与えられる．すると $M/t(M) \simeq \mathbb{Z}^{m-n}$ は自由 $\mathbb{Z}$ 加群であるから, 定理 2.1.17 より階数 $m-n$ は M により一意に定まる．よって

$$M \simeq \bigoplus_{1 \leq j \leq l} \bigoplus_{1 \leq i \leq r(j)} \mathbb{Z}_{p_j^{n_{j,i}}}$$

として一意性を示せばよい．

さて $q_j = p_j^{n_{j,r(j)}}$ と $p_k^{n_{k,i}}$ $(j \neq k)$ は互いに素であるから, $aq_j + bp_k^{n_{k,i}} = 1$ なる $a, b \in \mathbb{Z}$ が存在する．よって $\mathbb{Z}_{p_k^{n_{k,i}}}$ では $[aq_j] = 1$ となり $[q_j]$ は単元となる．よって M 上の準同型写像

$$f_j : M \ni m \mapsto q_j m \in M$$

を考えると, 核 $\mathrm{Ker}\, f_j$ は

$$\mathrm{Ker}\, f_j \simeq \bigoplus_{1 \leq i \leq r(j)} \mathbb{Z}_{p_j^{n_{j,i}}}$$

で与えられる．これは M と q_j によって定まる．よって最終的に

$$M \simeq \mathbb{Z}_{p^{n_1}} \oplus \mathbb{Z}_{p^{n_2}} \oplus \cdots \oplus \mathbb{Z}_{p^{n_r}}$$

(p は素数で $n_1 \leq n_2 \leq \cdots \leq n_r$) として, p と $\{n_1, n_2, \cdots, n_r\}$ の一意性を証明できればよいことになる．

ここで p は上の議論より一意に定まる．また n_r は

$$\min\{n \mid n \in \mathbb{N}, p^n M = \{0\}\}$$

として, M から一意に定まる．そこで $n(M) = n_r$ として, n_r に関する帰納法で一意性を示す．

ここで例題 2.1.22 より

$$pM \simeq \mathbb{Z}_{p^{n_1-1}} \oplus \cdots \oplus \mathbb{Z}_{p^{n_r-1}} = \bigoplus_{1 \leq i \leq r, n_i \geq 2} \mathbb{Z}_{p^{n_i-1}}, \tag{2.1.9}$$

$$M/pM \simeq \mathbb{Z}_p \oplus \cdots \oplus \mathbb{Z}_p \quad (r\text{ 個の直和})$$

であるが，$\mathbb{Z}_p$ は体なので (例題 2.1.4 を参照) r はベクトル空間 M/pM の次元として M より一意に定まる．そこでまず $n(M) = 1$ の場合は $n_1 = \cdots = n_r = 1$ となり，$\{n_1, n_2, \cdots, n_r\}$ は M から一意に定まる．

次に $n(pM) = n(M) - 1$ より帰納法の仮定を (2.1.9) に使うと，$\{n_i - 1 \mid 1 \leq i \leq r,\ n_i \geq 2\}$ は M から一意に決まる．よって r とこの集合の元の個数の差として $\sharp\{n_i \mid 1 \leq i \leq r,\ n_i = 1\}$ も定まり，$\{n_1, n_2, \cdots, n_r\}$ が M より一意に決定されることが証明できた． □

なおこの定理の一意性から，基本行列のとり方によらずにスミス標準形が一意的に定まることも示せる．

2.2 ホモロジー群

これまでの準備をもとに，単体複体のホモロジー群を定義しよう．ホモロジー群は図 2.3 に示される 2 つのステップを経て導入される．

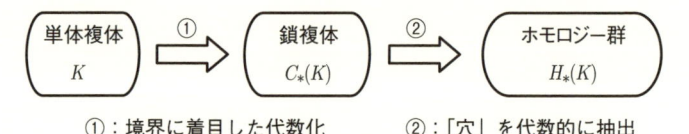

単体複体 K → ① 鎖複体 $C_*(K)$ → ② ホモロジー群 $H_*(K)$

①：境界に着目した代数化　　②：「穴」を代数的に抽出

図 2.3 単体複体からホモロジー群への流れ

最初のステップ①では，単体複体を各次元ごとに自由 $\mathbb{Z}$ 加群として代数化する．この代数化された対象を鎖複体といい，そこから穴の情報を抽出したものがホモロジー群である．ではどのようにして穴を代数的に特徴づけるか？　実はそこがホモロジー群の定義で最も重要なところであり，その役割を担うのが境界作用素とよばれる準同型写像である．この境界作用素を用いることで，まず境界についての特徴付けが行われ，そこから各次元の穴の情報を取り出してくるのである．そこで数学的に厳密な解説を行う前に，この辺りの雰囲気をつかんでもらう．

まず 1 次元の単体の集まりで，穴を作る例と作らない例の違いを見てみよ

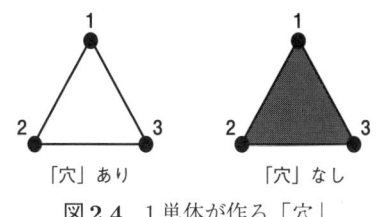

図 2.4 1 単体が作る「穴」

う．図 2.4 の左は穴があいている例，右は穴があいていない例になっている．ここで左の図形では，それぞれの 1 単体の両端点に別の 1 単体がつながっている．すなわちこの 1 単体の集まりからなる図形には境界がない．

よって 1 単体の集まりからなる図形であって境界がないものはすべて穴を生み出すか，というとそうではなく，右の図形がその反例になっている．この図形は 1 単体の集まりには境界がないが，それ自体が 1 次元高い 2 単体の境界になっている．よって 1 単体が表す穴を定義するには

「**境界**のない 1 単体の集まりであって
2 単体の集まりの**境界**になっていないもの」

として定めればよさそうである．

つまり境界に着目することで穴の特徴付けが行えそうである．実際に上の日本語の文章を数式で表したものが，後で厳密に定義される 1 次ホモロジー群 H_1 である．また 1 単体を n 単体，2 単体を $n+1$ 単体とした n 次ホモロジー群 H_n も，同様に定義されることになる．それではここでの説明を数学的に見ていくことにしよう．

2.2.1 単体の向き

1 章で単体複体を導入した．例えば k 単体は $k+1$ 個の頂点 $v_0, \cdots, v_k$ を用いて $|v_0 \cdots v_k|$ と表されるが，ここに現れる頂点の順序は任意であった．そこでまずはじめに，頂点の並べ方を用いて各単体に向きを指定する方法を説明する．これにより後で取り扱う鎖複体に $\mathbb{Z}$ 加群の構造が入ることになる．

まず n 文字の置換について復習しよう．例えば $n=3$ の場合には

$$\sigma_0 : 012 \to 012, \qquad \sigma_1 : 012 \to 102,$$
$$\sigma_2 : 012 \to 120, \qquad \sigma_3 : 012 \to 210,$$
$$\sigma_4 : 012 \to 201, \qquad \sigma_5 : 012 \to 021$$

がすべての置換となる．一般に n 文字の置換は $n! = n \cdot (n-1) \cdots 2 \cdot 1$ 個ある．それらすべてを集めたものを S_n で表す．

S_n の元は，ある i, j $(1 \leq i \neq j \leq n)$ のみ場所を入れ替え，それ以外の文字を動かさないとき互換とよばれる．一般に置換 $\sigma : 01 \cdots (n-1) \to k_1 k_2 \cdots k_n$ は，適当な互換を繰り返すことで表現できる．例えば上記の σ_2 では

$$012 \to 102 \to 120$$

や，少し回り道をして

$$012 \to 210 \to 201 \to 021 \to 120$$

などがその例である．

一般に，置換 σ を表す互換の回数が偶数もしくは奇数になるかは，σ によって一意に定まることが知られている．ここで偶数回の互換で表現できるものは偶置換，奇数回の互換で表現できるものは奇置換とよばれる．よって S_n の元は，偶置換か奇置換の2種類のグループに分けることができる．例えば $n=3$ の場合は $\sigma_0, \sigma_2, \sigma_4$ は偶置換，$\sigma_1, \sigma_3, \sigma_5$ は奇置換にグループ分けされる．

この準備をもとに，単体の向きについて説明する．K を単体複体とし，$\sigma = |v_0 \cdots v_k|$ を K 内の k 単体とする．これまで単体 σ の $k+1$ 個の頂点の並べ方は任意であった．そこで頂点の並べ方を偶置換と奇置換の2つにグループ分けし，それぞれを σ の向きと定める．同じグループに含まれるものは同じ向きをもち，異なるグループにある2つの頂点の並びは異なる向きをもつという．

このようにして向きの指定された単体を，記号 $\langle \ \rangle$ で表すことにする．よって σ と τ が同じグループに属しているならば

$$\langle v_{\sigma(0)} \cdots v_{\sigma(k)} \rangle = \langle v_{\tau(0)} \cdots v_{\tau(k)} \rangle$$

となる．一方で σ と τ が異なるグループに属している場合は，マイナス記号

$$\langle v_{\sigma(0)} \cdots v_{\sigma(k)} \rangle = -\langle v_{\tau(0)} \cdots v_{\tau(k)} \rangle$$

を用いて向きが異なることを表す.

例えば2単体 $\sigma = |v_0v_1v_2|$ の向きは次で与えられる：

$$\langle v_0v_1v_2 \rangle = \langle v_1v_2v_0 \rangle = \langle v_2v_0v_1 \rangle, \quad \langle v_1v_0v_2 \rangle = \langle v_2v_1v_0 \rangle = \langle v_0v_2v_1 \rangle.$$

また $n=1,2$ では，図2.5に示されているような幾何学的意味合いを想像すると，理解の助けになるかもしれない．なお0単体 $|v|$ には唯一の向き $\langle v \rangle$ が定まる．

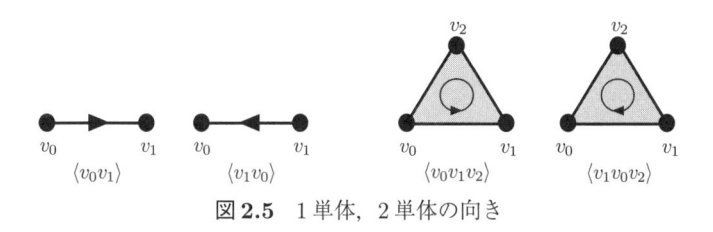

図2.5　1単体，2単体の向き

2.2.2 鎖複体

K を n 次元単体複体とし，そのすべての k 単体の集まりを

$$K_k = \{\sigma_1, \cdots, \sigma_{n_k} \in K \mid \dim \sigma_i = k\}$$

で表す．ここで n_k は K 内の k 単体の個数である．またすべての単体にはあらかじめ向きを定めておく．

各 $0 \leq k \leq n$ ごとに K_k で生成される自由 $\mathbb{Z}$ 加群 $C_k(K)$ を導入する：

$$C_k(K) = \mathbb{Z}\langle K_k \rangle = \left\{ c = \sum_{i=1}^{n_k} \alpha_{\sigma_i} \langle \sigma_i \rangle \;\middle|\; \alpha_{\sigma_i} \in \mathbb{Z} \right\}.$$

ここで $C_k(K)$ を k 鎖群とよび，$C_k(K)$ の元を k 鎖とよぶ．また $k > n, k < 0$ では $C_k(K) = 0$ とする．

k 鎖群 $C_k(K)$ は，もとの単体複体 K を各次元ごとに自由 $\mathbb{Z}$ 加群として代数的に表現したものである．そこでこれらの k 鎖群上で代数的に境界の特徴付けを行う．そのための道具が次に紹介する境界作用素である．

各 $0 \leq k \leq n$ に対して，境界作用素 $\partial_k : C_k(K) \to C_{k-1}(K)$ を向きづけられた単体 $\langle \sigma \rangle = \langle v_0 \cdots v_k \rangle$ ごとに

$$\partial_k \langle \sigma \rangle = \sum_{i=0}^{k} (-1)^i \langle v_0 \cdots \hat{v}_i \cdots v_k \rangle \tag{2.2.1}$$

で定める．ここで $\langle v_0 \cdots \hat{v}_i \cdots v_k \rangle$ は k 単体 $\langle v_0 \cdots v_k \rangle$ から i 番目の v_i を除いた $k-1$ 単体を表す．一般の k 鎖 $c = \sum_{i=1}^{n_k} \alpha_{\sigma_i} \langle \sigma_i \rangle$ については線形拡張

$$\partial_k(c) = \sum_{i=1}^{n_k} \alpha_{\sigma_i} \partial_k \langle \sigma_i \rangle$$

で定める．

単体の境界は 1 次元低い面の集まりで構成されるが，実際に定義 (2.2.1) ではこれらの面を向きも考慮して取り出している．例えば図 2.5 に出てきた例では

$$\partial_1 \langle v_0 v_1 \rangle = \langle v_1 \rangle - \langle v_0 \rangle,$$
$$\partial_2 \langle v_0 v_1 v_2 \rangle = \langle v_1 v_2 \rangle - \langle v_0 v_2 \rangle + \langle v_0 v_1 \rangle$$

となり，それぞれ図形としての境界に対応することがわかる．さらに境界作用素は次の重要な性質を満たす．

命題 2.2.1 すべての $k \in \mathbb{N}$ について $\partial_{k-1} \circ \partial_k = 0$ が成り立つ．ここで左辺は写像の合成，右辺は零写像を表す．

証明 $\langle \sigma \rangle = \langle v_0 \cdots v_k \rangle$ として

$$\begin{aligned}
\partial_{k-1} \circ \partial_k \langle \sigma \rangle &= \partial_{k-1} \sum_{i=0}^{k} (-1)^i \langle v_0 \cdots \hat{v}_i \cdots v_k \rangle \\
&= \sum_{i=0}^{k} (-1)^i \left(\sum_{j<i} (-1)^j \langle v_0 \cdots \hat{v}_j \cdots \hat{v}_i \cdots v_k \rangle \right. \\
&\qquad \left. + \sum_{j>i} (-1)^{j-1} \langle v_0 \cdots \hat{v}_i \cdots \hat{v}_j \cdots v_k \rangle \right) \\
&= \sum_{j<i} (-1)^{i+j} \langle v_0 \cdots \hat{v}_j \cdots \hat{v}_i \cdots v_k \rangle
\end{aligned}$$

$$+ \sum_{j>i} (-1)^{i+j-1} \langle v_0 \cdots \hat{v}_i \cdots \hat{v}_j \cdots v_k \rangle$$
$$= 0$$

を得る（$\sum_{j<i}$ の i,j を取り替えることで）．よって $\partial_{k-1} \circ \partial_k = 0$ が示される．
□

ここで導入した鎖群と境界作用素からなる系列

$$0 \to C_n(K) \xrightarrow{\partial_n} C_{n-1}(K) \xrightarrow{\partial_{n-1}} \cdots \xrightarrow{\partial_2} C_1(K) \xrightarrow{\partial_1} C_0(K) \to 0$$

を，K の鎖複体とよぶ．

ここで k 鎖群 $C_k(K)$ に次の 2 つの部分加群を導入する：

$$Z_k(K) = \text{Ker } \partial_k = \{c \in C_k(K) \mid \partial_k(c) = 0\},$$
$$B_k(K) = \text{Im } \partial_{k+1} = \{c \in C_k(K) \mid c = \partial_{k+1}(c'),\ c' \in C_{k+1}(K)\}.$$

$Z_k(K)$ の元を k サイクル，$B_k(K)$ の元を k バウンダリーという．定義から，k サイクルは代数的に境界がないもの，k バウンダリーは代数的に 1 つ次元が高い対象の境界，という意味をもつ．

命題 2.2.1 から $B_k(K) \subset Z_k(K)$ が成り立つが，一般に等号が成立するとは限らない．よってこれらの違いを測る（代数的には商をとる）ことで

境界のない k 単体の集まりで	（⇐ $Z_k(K)$ に対応）
$k+1$ 単体の集まりの境界に	（⇐ $B_k(K)$ に対応）
なっていないもの	（⇐ $Z_k(K)/B_k(K)$ に対応）

が取り出せる．これがホモロジー群となる．

2.2.3　ホモロジー群

［定義 2.2.2］　単体複体 K の k 次ホモロジー群を，剰余加群

$$H_k(K) = Z_k(K)/B_k(K)$$

で定める．また $H_k(K)$ の元をホモロジー類とよぶ．

定理 2.1.29 より,ホモロジー群 $H_k(K)$ は $Z_k(K)$ のある基底 $\{z_1, \cdots, z_m\}$ を用いて

$$H_k(K) = \bigoplus_{i=1}^{s} \langle [z_i] \rangle \oplus \bigoplus_{i=s+1}^{s+r} \langle [z_i] \rangle$$

と表せる.ここで $\langle [z_i] \rangle$, $i = 1, \cdots, s$ は有限巡回群であり,その位数 c_i を k 次ねじれ係数という.一方 $\langle [z_i] \rangle$, $i = s+1, \cdots, s+r$ は無限巡回群であり, r を k 次ベッチ数とよぶ.

また定理 2.1.30 より,ホモロジー群 $H_k(K)$ はねじれ係数とベッチ数を用いて同型対応

$$H_k(K) \simeq \bigoplus_{i=1}^{s} \mathbb{Z}_{c_i} \oplus \mathbb{Z}^r \tag{2.2.2}$$

をもつ.つまり単体複体のホモロジー群は,有限個のデータ $\{c_1, \cdots, c_s, r\}$ を指定することで式 (2.2.2) の形として統一的に表現することが可能となる.

ここでホモロジー群の性質について簡単にまとめておく.まず単体複体 K は任意の2つの0単体 u, v に対して,1単体の列 $|u_0 u_1|, |u_1 u_2|, \cdots, |u_{l-1} u_l|$ で $u_0 = u, u_l = v$ となるものが存在するとき連結であるという.連結な単体複体のホモロジー群については次が基本的である.

命題 2.2.3 単体複体 K が連結なら $H_0(K) \simeq \mathbb{Z}$.

証明

$$C_1(K) \xrightarrow{\partial_1} C_0(K) \to 0$$

より, $Z_0(K) = C_0(K)$ である.一方0単体 u を1つ選ぶと K は連結なので,別の0単体 v との間に $u_0 = u, u_l = v$ なる1単体の列 $|u_0 u_1|, |u_1 u_2|, \cdots, |u_{l-1} u_l|$ が存在する.よって

$$\partial_1(\langle u_0 u_1 \rangle + \langle u_1 u_2 \rangle + \cdots + \langle u_{l-1} u_l \rangle) = \langle u_l \rangle - \langle u_0 \rangle = \langle v \rangle - \langle u \rangle$$

となることから, $[\langle u \rangle] = [\langle v \rangle] \in H_0(K)$ となる.これより $H_0(K) \simeq \mathbb{Z}$ を得る. □

単体複体 K は連結な部分単体複体 $K_1, \cdots, K_s$ を用いて

$$K = K_1 \cup \cdots \cup K_s, \quad K_i \cap K_j = \emptyset \ (i \neq j)$$

と表すことができる．部分単体複体 K_i を K の連結成分とよぶ．このとき次が成り立つ．

命題 2.2.4 $K_1, \cdots, K_s$ を K のすべての連結成分とするとき，すべての k で
$$H_k(K) = H_k(K_1) \oplus \cdots \oplus H_k(K_s)$$
が成り立つ．

証明 各 k 単体はある連結成分に一意に含まれることになるので，k 鎖群 C_k の定義から
$$C_k(K) = C_k(K_1) \oplus \cdots \oplus C_k(K_s)$$
となる．一方境界作用素は，各単体に対してその面の集まりを割り当てるので，$\partial C_k(K_i) \subset C_{k-1}(K_i)$．よって
$$Z_k(K) = Z_k(K_1) \oplus \cdots \oplus Z_k(K_s),$$
$$B_k(K) = B_k(K_1) \oplus \cdots \oplus B_k(K_s).$$
よって
$$H_k(K) = Z_k(K)/B_k(K) = H_k(K_1) \oplus \cdots \oplus H_k(K_s)$$
を得る． □

この命題より，単体複体のホモロジー群は各連結成分ごと求めればよいことになる．

例 2.2.5 1点 p のホモロジー群を求めてみる．まず p は連結なので命題 2.2.3 より
$$H_0(p) \simeq \mathbb{Z}$$
である．また $k > 0$ について $C_k(p) = 0$ なので $H_k(p) = 0$．よってまとめると
$$H_k(p) \simeq \begin{cases} \mathbb{Z}, & k = 0 \\ 0, & k \neq 0 \end{cases}$$
を得る．

■ 例 **2.2.6** 2 単体 $|012|$ の境界 $S^1 = |01| \cup |02| \cup |12|$ のホモロジー群を計算してみる．最初に図 2.6 で単体の向きを指定しておこう．

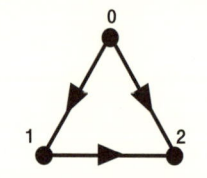

図 **2.6** 2 単体の境界 S^1

このとき鎖群 $C_i(S^1)$ は

$$C_0(S^1) = \mathbb{Z}\langle 0 \rangle + \mathbb{Z}\langle 1 \rangle + \mathbb{Z}\langle 2 \rangle,$$
$$C_1(S^1) = \mathbb{Z}\langle 01 \rangle + \mathbb{Z}\langle 02 \rangle + \mathbb{Z}\langle 12 \rangle$$

で与えられる．また境界作用素 $\partial_1 : C_1(S^1) \to C_0(S^1)$ は，この基底を用いて行列表示

$$\partial_1(\langle 01 \rangle \langle 02 \rangle \langle 12 \rangle) = (\langle 0 \rangle \langle 1 \rangle \langle 2 \rangle) A_1, \quad A_1 = \begin{pmatrix} -1 & -1 & 0 \\ 1 & 0 & -1 \\ 0 & 1 & 1 \end{pmatrix}$$

として表される．行列 A_1 の核は

$$\mathrm{Ker}\, A_1 = \mathbb{Z} \begin{pmatrix} 1 \\ -1 \\ 1 \end{pmatrix}$$

で与えられるので，$Z_1(S^1) = \mathrm{Ker}\, \partial_1 = \mathbb{Z}(\langle 01 \rangle - \langle 02 \rangle + \langle 12 \rangle)$ を得る．

一方 $B_1(S^1) = \mathrm{Im}\, \partial_2 = 0$ より，1 次ホモロジー群は

$$H_1(S^1) = Z_1(S^1) \simeq \mathbb{Z}$$

となる．また S^1 は連結なので命題 2.2.3 より $H_0(S^1) \simeq \mathbb{Z}$ となる．よってまとめると次を得る：

$$H_k(S^1) \simeq \begin{cases} \mathbb{Z}, & k = 0, 1 \\ 0, & k \neq 0, 1. \end{cases}$$

ここで最初に指定する単体の向きを変えても，同じ結果が導かれることに注意しておく．各自確かめられたい．

■ **例 2.2.7** 例題 2.2.6 では 2 単体の境界を扱ったが，次に図 2.7 で与えられる 3 単体の境界 $S^2 = |012| \cup |013| \cup |023| \cup |123|$ を考察しよう．

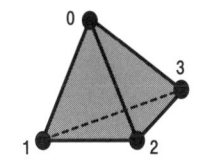

図 2.7 3 単体の境界 S^2

S^1 の場合と同様に，k 単体の正の向きを $\langle i_0 \cdots i_k \rangle$ $(i_0 < \cdots < i_k)$ で与えておく．このとき鎖群 $C_i(S^2)$ は

$$C_0(S^2) = \mathbb{Z}\langle 0 \rangle + \mathbb{Z}\langle 1 \rangle + \mathbb{Z}\langle 2 \rangle + \mathbb{Z}\langle 3 \rangle,$$
$$C_1(S^2) = \mathbb{Z}\langle 01 \rangle + \mathbb{Z}\langle 02 \rangle + \mathbb{Z}\langle 03 \rangle + \mathbb{Z}\langle 12 \rangle + \mathbb{Z}\langle 13 \rangle + \mathbb{Z}\langle 23 \rangle,$$
$$C_2(S^2) = \mathbb{Z}\langle 012 \rangle + \mathbb{Z}\langle 013 \rangle + \mathbb{Z}\langle 023 \rangle + \mathbb{Z}\langle 123 \rangle$$

で与えられる．また境界作用素の行列表示は

$$\partial_2(\langle 012 \rangle \langle 013 \rangle \langle 023 \rangle \langle 123 \rangle) = (\langle 01 \rangle \langle 02 \rangle \langle 03 \rangle \langle 12 \rangle \langle 13 \rangle \langle 23 \rangle) A_2,$$
$$\partial_1(\langle 01 \rangle \langle 02 \rangle \langle 03 \rangle \langle 12 \rangle \langle 13 \rangle \langle 23 \rangle) = (\langle 0 \rangle \langle 1 \rangle \langle 2 \rangle \langle 3 \rangle) A_1,$$

$$A_2 = \begin{pmatrix} 1 & 1 & 0 & 0 \\ -1 & 0 & 1 & 0 \\ 0 & -1 & -1 & 0 \\ 1 & 0 & 0 & 1 \\ 0 & 1 & 0 & -1 \\ 0 & 0 & 1 & 1 \end{pmatrix}, \quad A_1 = \begin{pmatrix} -1 & -1 & -1 & 0 & 0 & 0 \\ 1 & 0 & 0 & -1 & -1 & 0 \\ 0 & 1 & 0 & 1 & 0 & -1 \\ 0 & 0 & 1 & 0 & 1 & 1 \end{pmatrix}$$

となる．

まずはじめに $H_2(S^2)$ を求めてみよう．$C_3(S^2) = 0$ なので $H_2(S^2) = Z_2(S^2)$．よって $\mathrm{Ker}\,\partial_2$ を調べればよい．そこで行列表示 A_2 に行基本変形

を施すことで簡単な形に変形しよう．基本変形を合成して得られる次の行列

$$P = \begin{pmatrix} 1 & 1 & 0 & 0 & 0 & 0 \\ -1 & 0 & 1 & 0 & 0 & 0 \\ 0 & -1 & -1 & 1 & 0 & 0 \\ 1 & 0 & 0 & 0 & 0 & 0 \\ 0 & 1 & 0 & 0 & 1 & 0 \\ 0 & 0 & 1 & 0 & 0 & 1 \end{pmatrix}$$

を用いて基底変換

$$(u_1 u_2 u_3 u_4 u_5 u_6) = (\langle 01 \rangle \langle 02 \rangle \langle 03 \rangle \langle 12 \rangle \langle 13 \rangle \langle 23 \rangle)P$$

を施すことで，∂_2 について次の行列表示を得る：

$$\partial_2(\langle 012 \rangle \langle 013 \rangle \langle 023 \rangle \langle 123 \rangle) = (u_1 u_2 u_3 u_4 u_5 u_6)A'_2, \quad A'_2 = \begin{pmatrix} 1 & 0 & 0 & 1 \\ 0 & 1 & 0 & -1 \\ 0 & 0 & 1 & 1 \\ 0 & 0 & 0 & 0 \\ 0 & 0 & 0 & 0 \\ 0 & 0 & 0 & 0 \end{pmatrix}.$$

ここで得られた行列 A'_2 の核は

$$\operatorname{Ker} A'_2 = \mathbb{Z} \begin{pmatrix} -1 \\ 1 \\ -1 \\ 1 \end{pmatrix}$$

で与えられる．よって2次ホモロジー群は

$$H_2(S^2) = Z_2(S^2) = \mathbb{Z}(-\langle 012 \rangle + \langle 013 \rangle - \langle 023 \rangle + \langle 123 \rangle) \simeq \mathbb{Z}$$

として求まる．

次に $H_1(S^2)$ を計算してみよう．新しい基底 $\{u_1,\cdots,u_6\}$ による ∂_2 の行列表示より，$B_1(S^2)$ は

$$B_1(S^2) = \mathrm{Im}\,\partial_2 = \mathbb{Z}u_1 + \mathbb{Z}u_2 + \mathbb{Z}u_3$$

となる．一方，同じ基底 $\{u_1,\cdots,u_6\}$ を用いて ∂_1 の行列表示を求めると

$$\partial_1(u_1\cdots u_6) = (\langle 0\rangle\langle 1\rangle\langle 2\rangle\langle 3\rangle)A_1 P, \quad A_1 P = \begin{pmatrix} 0 & 0 & 0 & -1 & 0 & 0 \\ 0 & 0 & 0 & 0 & -1 & 0 \\ 0 & 0 & 0 & 0 & 0 & -1 \\ 0 & 0 & 0 & 1 & 1 & 1 \end{pmatrix}$$

を得る．よって ∂_1 の核は基底 $\{u_1,\cdots,u_6\}$ を用いて

$$\mathrm{Ker}\,\partial_1 = \mathbb{Z}u_1 + \mathbb{Z}u_2 + \mathbb{Z}u_3$$

となる．これより $Z_1(S^2) = B_1(S^2)$ なので，1次ホモロジー群は $H_1(S^2) = 0$ となる．0次ホモロジー群は命題 2.2.3 で求めているので，まとめると次を得る：

$$H_k(S^2) \simeq \begin{cases} \mathbb{Z}, & k = 0, 2 \\ 0, & k \neq 0, 2. \end{cases}$$

S^1 と同様に，最初に指定する単体の向きを変えても同じ結果が導かれる．各自確かめられたい．

1章で $X, Y \subset \mathbb{R}^N$ に対してホモトピー同値 $X \simeq Y$ という概念を導入した．ホモロジー群は，次に示すホモトピー不変性をもつことが知られている．

定理 2.2.8 K, L を単体複体とする．このとき多面体 $|K|, |L|$ がホモトピー同値ならば，すべての k で

$$H_k(K) \simeq H_k(L)$$

となる．

この定理により，複雑な単体複体のホモロジー群は，より単純でホモトピー同値な単体複体へ変形することで，計算の負担を減らすことができる．ホモロ

ジー群計算ソフトウェア CHomP[27] では，この性質をアルゴリズムの一部に採用しており，これにより高速なホモロジー群計算を可能としている．ちなみにホモロジー群が単体の向き付けによらないことは，この定理から従う．

近年の計算トポロジーの発展により，単体複体等のホモロジー群は計算機を用いて高速に計算できるようになった．計算トポロジーのアルゴリズムの詳細は文献 [21] に詳しい．ソフトウェアはいくつか知られているが，代表的なものとして上述の CHomP と Plex[28] がある．

CHomP の特徴としては，単体複体だけでなく方体複体のホモロジー群を計算できる点が挙げられる．ここで方体複体とは，n 次元直方体の和集合として表すことができる図形のことである．画像データなどへの応用では，ピクセルやボクセルといったものが基本単位となることから，方体複体のホモロジー群と相性が良い．CHomP の使用方法やその応用については，CHomP のウェブページに詳しく解説されている．また日本語の解説記事 [2] も参考文献として挙げておく．

また完全系列とよばれる代数的な道具を用いて，ホモロジー群が計算できる場合もある．その計算手法や具体例については，位相幾何学の代表的な教科書を参照されたい．

2.2.4　誘導準同型写像

ここでは，2 つの単体複体のホモロジー群を比較する手段である誘導準同型写像について簡単に説明しておく．K, L を単体複体とし，その鎖複体をそれぞれ $\{C_k(K), \partial_k\}, \{C_k(L), \partial_k\}$ とする．このとき各 k ごとに準同型写像 $\varphi_k : C_k(K) \to C_k(L)$ が与えられ，

$$\varphi_{k-1} \circ \partial_k = \partial_k \circ \varphi_k$$

が成り立つとき，$\{\varphi_k \mid k = 0, 1, \cdots\}$ を鎖準同型写像とよぶ．ここで上式の各辺は写像の合成を表し，次の図

$$
\begin{array}{ccc}
C_k(K) & \xrightarrow{\partial_k} & C_{k-1}(K) \\
{\scriptstyle \varphi_k}\downarrow & \circlearrowleft & \downarrow{\scriptstyle \varphi_{k-1}} \\
C_k(L) & \xrightarrow{\partial_k} & C_{k-1}(L)
\end{array}
$$

が可換であることを意味する．

例えば単体複体が包含関係 $K \subset L$ にあるとき，K の単体を対応する L の単体へ写す包含写像 $\varphi: K \to L$ を考える．このときこの包含写像 φ は各 k で準同型写像 $\varphi_k: C_k(K) \to C_k(L)$：

$$\varphi_k(\langle \sigma \rangle) = \langle \sigma \rangle$$

を定める．これは容易にわかるように鎖準同型写像になっている．

鎖複体 $\{C_k(K), \partial_k\}, \{C_k(L), \partial_k\}$ の間に鎖準同型写像 $\{\varphi_k : C_k(K) \to C_k(L)\}$ が与えられているとする．このとき k サイクル $z \in Z_k(K)$ について可換性から

$$\partial_k(\varphi_k(z)) = \varphi_{k-1}(\partial_k(z)) = 0$$

となる．よって $\varphi_k(z)$ は $C_k(L)$ の k サイクルとなる．つまり

$$\varphi_k(Z_k(K)) \subset Z_k(L)$$

を得る．

同様に k バウンダリー $b \in B_k(K)$ についても，$b = \partial_{k+1}(b')$, $b' \in C_{k+1}(K)$ とすると，可換性から

$$\varphi_k(b) = \varphi_k(\partial_{k+1}(b')) = \partial_{k+1}(\varphi_{k+1}(b'))$$

となる．よって $\varphi_k(b)$ は $C_k(L)$ の k バウンダリーとなる．つまり

$$\varphi_k(B_k(K)) \subset B_k(L)$$

を得る．

さてホモロジー群 $H_k(K) = Z_k(K)/B_k(K)$ の元 $[z]$ は

$$[z] = z + B_k(K), \quad z \in Z_k(K)$$

と表されるが，鎖準同型写像についてここで示した性質より

$$\varphi_k(z) \in Z_k(L), \quad \varphi_k(B_k(K)) \subset B_k(L)$$

となる．よって $H_k(K)$ の各ホモロジー類 $[z]$ に対して $H_k(L)$ のホモロジー類 $[\varphi(z)] = \varphi(z) + B_k(L)$ が定まる．この対応関係

$$\varphi_* : H_n(K) \ni [z] \mapsto [\varphi_k(z)] \in H_n(L)$$

を，鎖準同型写像 $\{\varphi_k\}$ による誘導準同型写像とよぶ．実際に準同型写像になっていることは φ_k の準同型性から従う．

ここで導入した誘導準同型写像を使うことで，2つの単体複体のホモロジー群の関係を調べることが可能となる．次の例を考えてみよう．

■ **例 2.2.9** 図 2.8 が定める単体複体 K, L と，包含写像 $\varphi : K \to L$ を考えよう．例 2.2.6 で計算したように $H_1(K) \simeq \mathbb{Z}$ である．一方 $|L|$ は 1 点とホモトピー同値なので例題 2.2.5 より $H_1(L) = 0$．よって $\varphi_* : H_1(K) \to H_1(L)$ は零写像となる．つまり包含写像は単射であっても，誘導準同型写像が単射になるとは限らない．この場合 $\varphi_* : H_0(K) \to H_0(L)$ は同型写像になっている．

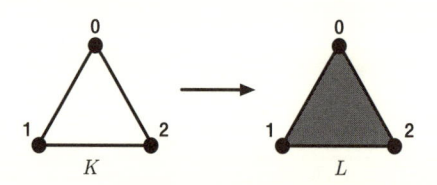

図 2.8 包含写像の例

ここでは包含写像の誘導準同型写像しか解説できなかったが，ホモロジー群の構造を調べる上で誘導準同型写像はとても大切な道具の1つである．詳しくは位相幾何学の成書を参照されたい．

2.2.5 $\mathbb{Z}_2$ 係数ホモロジー群

これまで解説してきた単体複体のホモロジー群は，$\mathbb{Z}$ 加群からなる鎖群とその間の境界作用素を用いて定められていた．しかしこの係数となる環のとり方

は，$\mathbb{Z}$ に限定する必要はない．特に環 R が単項イデアル整域であれば，これまでとほぼ同じ議論が成立する．ここでは $R = \mathbb{Z}_2$ として $\mathbb{Z}_2$ 係数のホモロジー群を導入しておこう．

K を n 次元単体複体とする．$\mathbb{Z}_2$ 加群（つまり $\mathbb{Z}_2$ 係数ベクトル空間）として鎖群を定義していくが，$\mathbb{Z}_2 = \{0, 1\}$ なので単体に向きを定める必要はない．各 $0 \leq k \leq n$ ごとに自由 $\mathbb{Z}_2$ 加群 $C_k(K; \mathbb{Z}_2)$ を

$$C_k(K; \mathbb{Z}_2) = \left\{ c = \sum_{i=1}^{n_k} \alpha_{\sigma_i} \sigma_i \,\middle|\, \sigma_i \in K_k, \alpha_{\sigma_i} \in \mathbb{Z}_2 \right\}$$

で定める．$k > n, k < 0$ では $C_k(K; \mathbb{Z}_2) = 0$ とする．

次に，境界作用素 $\partial_k : C_k(K; \mathbb{Z}_2) \to C_{k-1}(K; \mathbb{Z}_2)$ を，k 単体 $\sigma = |v_0 \cdots v_k|$ に対して

$$\partial_k \sigma = \sum_{i=0}^{k} |v_0 \cdots \hat{v}_i \cdots v_k|$$

で定める．もちろんここでの和の演算は，$\mathbb{Z}_2$ における演算である．$\mathbb{Z}$ 係数と同様に，ここで導入した境界作用素も次の性質が成り立つ．証明は $\mathbb{Z}$ 係数の場合と同様なので省略する．

命題 2.2.10　すべての $k \in \mathbb{N}$ について，$\partial_{k-1} \circ \partial_k = 0$ が成り立つ．

ここで導入した鎖群と境界作用素からなる系列

$$0 \to C_n(K; \mathbb{Z}_2) \xrightarrow{\partial_n} C_{n-1}(K; \mathbb{Z}_2) \xrightarrow{\partial_{n-1}} \cdots \xrightarrow{\partial_2} C_1(K; \mathbb{Z}_2) \xrightarrow{\partial_1} C_0(K; \mathbb{Z}_2) \to 0$$

を，K の鎖複体とよぶ．

$C_k(K; \mathbb{Z}_2)$ のサイクルとバウンダリーからなる部分加群を

$$Z_k(K; \mathbb{Z}_2) = \mathrm{Ker}\ \partial_k = \{c \in C_k(K; \mathbb{Z}_2) \mid \partial_k(c) = 0\},$$
$$B_k(K; \mathbb{Z}_2) = \mathrm{Im}\ \partial_{k+1} = \{c \in C_k(K; \mathbb{Z}_2) \mid c = \partial_{k+1}(c')\}$$

で定める．もちろん命題 2.2.10 より，$B_k(K; \mathbb{Z}_2) \subset Z_k(K; \mathbb{Z}_2)$ が $\mathbb{Z}_2$ 係数の場合でも成り立つ．よって $\mathbb{Z}_2$ 係数のホモロジー群が

$$H_k(K; \mathbb{Z}_2) = Z_k(K; \mathbb{Z}_2) / B_k(K; \mathbb{Z}_2)$$

として定義される．

ここで導入した $H_k(K; \mathbb{Z}_2)$ は単体の向きの情報が失われているが，$\mathbb{Z}$ 係数のホモロジー群 $H_k(K)$ と多くの性質を共有する．また詳細は省略するが，$\mathbb{Z}_2$ 係数ホモロジー群 $H_k(K; \mathbb{Z}_2)$ は $\mathbb{Z}$ 係数ホモロジー群 $H_k(K)$ から決定される（普遍係数定理）．その意味で $\mathbb{Z}$ 係数ホモロジー群が最も基本的なものとなる．一方，$\mathbb{Z}_2$ 係数としておけばすべての演算を線形代数の範囲で行えることになり，計算が容易となる．また次章で導入するパーシステントホモロジー群でも $\mathbb{Z}_2$ 係数ホモロジー群が現れる．

2.3 タンパク質のホモロジー群

この節では 1 章で紹介したタンパク質の単体複体モデルに対して，そのホモロジー群を数値計算した結果を紹介する．

PDB ID が 1BUW で与えられるヘモグロビンを例に挙げよう．ここでは 1BUW の重み付きアルファ複体 $\alpha(w_i) = \alpha(P, R, w_i)$ が定めるフィルトレーション

$$\alpha(w_0) \subset \alpha(w_1) \subset \cdots \subset \alpha(w_T)$$

に対して，各パラメータ w_i で定まるホモロジー群 $H_k(\alpha(w_i))$ のベッチ数 $\beta_k(w_i)$ をプロットしてみよう．

ここで重み付きアルファ複体のフィルトレーションは，式 (1.4.5) で与えられるパラメータで定めるとする．また $w_0 = 0$ としておく．このパラメータ値に対応する各球体の半径は，通常のファンデルワールス半径である．すなわち通常のファンデルワールス球体モデルから半径を徐々に大きくした際の，タンパク質のベッチ数の変化を調べてみる．

タンパク質が定める球体の和集合は $\mathbb{R}^3$ 内に実現されているので，脈体定理からそのホモロジー群は

$$H_k(\alpha(w_i)) \simeq \begin{cases} \mathbb{Z}^{\beta_k}, & k = 0, 1, 2, \\ 0, & k \neq 0, 1, 2 \end{cases}$$

の形になる．ホモロジー群の性質から，β_0 は連結成分，β_1 はわっか（1 次元の

穴),β_2 は空洞（2次元の穴）の数にそれぞれ対応する．1BUWについて，フィルトレーションパラメータ w に対する1次，2次ベッチ数のプロットは，図2.9, 図2.10でそれぞれ与えられる．ここでアルファ複体の構成にはCGAL, ベッチ数の計算にはCHomPを用いた．

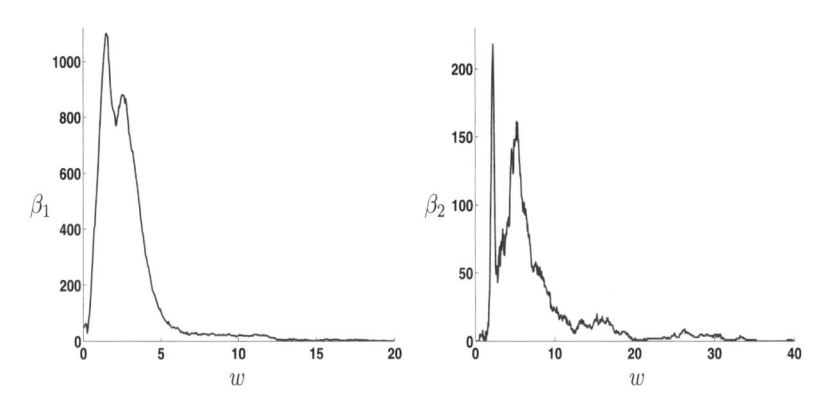

図2.9　1BUWのアルファ複体に対する1次ベッチ数のプロット

図2.10　1BUWのアルファ複体に対する2次ベッチ数のプロット

この数値計算から各半径パラメータごとに，タンパク質内に何個わっかや空洞が存在しているかを調べることが可能となる．しかしベッチ数からだけでは，個々の穴の大きさや形の情報は得られない．例えば図2.11に示されている2つの図形は，両者とも1次ベッチ数は $\beta_1 = 1$ である．左の図ではこのベッチ数に対応する穴は少し半径パラメータを大きくすることで消滅するために，トポロジカルなノイズとも見なせる．一方で右の図では，パラメータを少し変

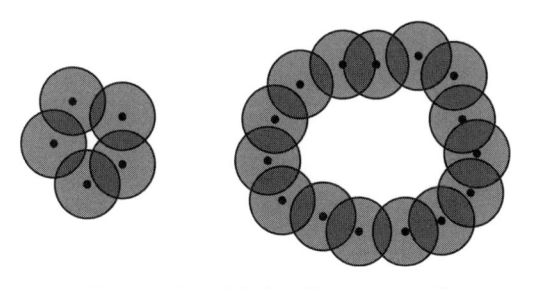

図2.11　穴の大きさの違いとベッチ数

化させても穴は存続する．つまりベッチ数だけでは穴の大きさの違いは区別できず，それぞれのホモロジー類が表す図形としての性質は異なっている．

またベッチ数のパラメータ変化だけでは，個々のホモロジー類がパラメータの変化に応じてどのように写り合うのかを調べることができない．例えば図2.12，図2.13ともに，パラメータの変化によって1次ベッチ数に変化はない．しかし図2.12では最初の穴が消滅し別の新たな穴が発生しているのに対して，図2.13では最初の穴が次のパラメータ値でも存続している．よってベッチ数だけからでは異なるパラメータ間でのホモロジー類の比較を行うことができない．

$\alpha(P, R, w_i)$ $\alpha(P, R, w_{i+1})$

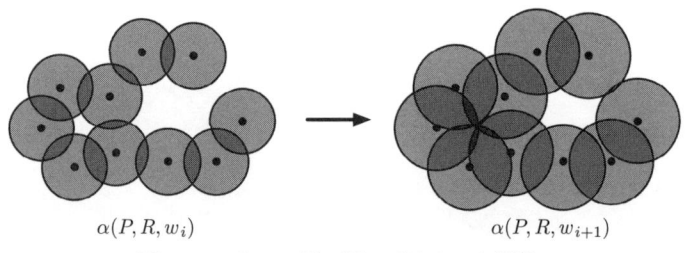

図 2.12 ホモロジー類のパラメータ遷移 1

$\alpha(P', R', w_i)$ $\alpha(P', R', w_{i+1})$

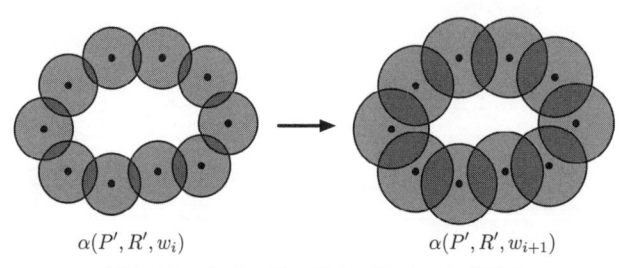

図 2.13 ホモロジー類のパラメータ遷移 2

このような問題点は，タンパク質の立体構造をホモロジー群を用いて解析する際に解決されるべき問題である．その解決方法の1つが，本書の主テーマであるパーシステントホモロジー群である．次章から詳しくパーシステントホモロジー群の解説を行っていこう．

第2章の補足

本章では有限生成 $\mathbb{Z}$ 加群の構造定理を，$\mathbb{Z}$ 係数行列のスミス標準形を用いて証明した．これにより，抽象的な議論を避けた構成的証明になる．実際に，ここで解説した手法を用いてホモロジー群の数値計算アルゴリズムを構成することが可能である．文献 [21] も参考にしながらホモロジー群計算プログラムを具体的に作成することで，本章の内容の理解が深まるかもしれない．なおスミス標準形（単因子論）に関しても詳しい代数の入門書 [9, 16] を，2.1 節の参考文献として挙げておく．

単体複体のホモロジー群についてはすでに良書が多く存在している．例えば [4, 7, 20, 22] 等を参照されたい．

第3章
パーシステントホモロジー群

この章の目標は，単体複体のフィルトレーションに対してパーシステントホモロジー群を導入し，その性質を調べることである．パーシステントホモロジー群とは，フィルトレーション内でのホモロジー群の生成元の遷移を特徴づける代数的な道具である．これにより，各生成元のフィルトレーション内における履歴やロバスト性を調べることが可能となる．

パーシステントホモロジー群は，代数的には2章で扱った$\mathbb{Z}$係数ホモロジー群の理論を，多項式環$\mathbb{Z}_2[x]$係数とすることで同様に導出される．そこで3.1節では，$\mathbb{Z}_2[x]$加群の基本的概念を説明する．3.2節ではパーシステントホモロジー群の定義やその性質について議論する．

また1章で解説したが，タンパク質のファンデルワールス球体モデルの半径増大列を考えることで，単体複体のフィルトレーションが得られる．このフィルトレーションに付随するパーシステントホモロジー群は，タンパク質内に現れる各空洞の履歴やロバスト性についての情報をもつことになる．3.3節では，これらの情報を用いてタンパク質の性質を調べるいくつかの応用例を紹介する．

3.1　$\mathbb{Z}_2[x]$加群

3.1.1　多項式環$\mathbb{Z}_2[x]$

この項では係数を$\mathbb{Z}_2$にもつ多項式の集まり$\mathbb{Z}_2[x]$について解説する．まず例2.1.4より$\mathbb{Z}_2 = \mathbb{Z}/2\mathbb{Z}$は体であり，その演算規則は表3.1で与えられた．

表 3.1 体 $\mathbb{Z}_2$ の演算. 左は和で右は積.

+	0	1
0	0	1
1	1	0

·	0	1
0	0	0
1	0	1

多項式環 $\mathbb{Z}_2[x]$ の単項式 x^n に対して，その次数を n で定め $\deg x^n = n$ と表す．一般に $\mathbb{Z}_2[x]$ の元は $f(x) = x^3 + x + 1$ のように単項式の有限和で表されるが，現れる単項式の次数の最大値を多項式の次数と定義する ($\deg(x^3 + x + 1) = 3$)．多項式 $f(x) = 0$ の次数は $-\infty$ としておく．

多項式の割り算について復習しておく．例えば次の 2 つの多項式 $f(x) = x^4 + x^2 + 1, g(x) = x + 1$ の割り算は，図 3.1 のように実行された．それぞれの係数については $\mathbb{Z}_2$ の演算に従うことに注意しよう．

$$
\begin{array}{r}
x^3 + x^2 \\
x+1 \overline{) x^4 + x^2 + 1} \\
x^4 + x^3 \\
\hline
x^3 + x^2 + 1 \\
x^3 + x^2 \\
\hline
1
\end{array}
$$

図 3.1 多項式の割り算

一般に $\mathbb{Z}_2[x]$ の多項式 $f(x), g(x) \neq 0$ について，割り算を実行することで次の形

$$f(x) = q(x)g(x) + r(x), \quad q(x), r(x) \in \mathbb{Z}_2[x], \ \deg r < \deg g$$

に一意的に表すことができる．$q(x)$ を商，$r(x)$ を余りとよぶ．上の例の場合は $x^3 + x^2$ が商で 1 が余りとなる．

整数の集まり $\mathbb{Z}$ は単項イデアル整域であった（命題 2.1.1）．実は $\mathbb{Z}_2[x]$ についても次が成り立つ．

命題 3.1.1 多項式環 $\mathbb{Z}_2[x]$ は単項イデアル整域である．

証明 I を $\mathbb{Z}_2[x]$ のイデアルとする．$I = \{0\}$ の場合は明らかである．そこで $I \neq \{0\}$ とし，$g(x)$ を I に属する非零多項式であって次数が最小のものとす

る．I はイデアルなので $g(x)$ が生成するイデアル (g) は $(g) \subset I$ となる．一方 $f(x)$ を I の元とすると，割り算を実行することで

$$f(x) = q(x)g(x) + r(x), \quad \deg r < \deg g$$

と表せる．よって $r(x) = f(x) - q(x)g(x) \in I$ となるが，$g(x)$ の次数最小性から $r(x) = 0$ が従う．よって $I \subset (g)$ となり，I は単項イデアルとなる．$\mathbb{Z}_2[x]$ が整域であることは，$\mathbb{Z}_2$ が体であることから明らかである． □

3.1.2　$\mathbb{Z}_2[x]$ 加群

$\mathbb{Z}_2[x]$ 加群 M にアーベル群としての直和分解

$$M = \bigoplus_{i=0}^{\infty} M_i$$

が与えられ，さらに

$$x^j M_i \subset M_{i+j}, \quad i, j \in \mathbb{N}_0$$

が成り立つとき，M を次数付き $\mathbb{Z}_2[x]$ 加群という．M の元 u は，ある $i \in \mathbb{N}_0$ について $u \in M_i$ となるとき斉次元という．このときの i を u の次数といい，$\deg u = i$ で表す．また M の任意の元 u は，有限和

$$u = \sum_{i \geq 0} u_i, \ u_i \in M_i$$

の形に一意に表せるが，このときの u_i を u の i 次斉次成分という．

命題 3.1.2　次数付き $\mathbb{Z}_2[x]$ 加群 M の部分加群 N について，次の条件は同値である．

(i) N は斉次元で生成される．
(ii) $N = \bigoplus_{i \geq 0} (N \cap M_i)$．
(iii) M の元 x が N に入るならば，その各斉次部分も N に入る．

証明　(ii) と (iii) の同値性は明らかである．(i)⇒(ii)：$N \supset N^* = \bigoplus_{i \geq 0} (N \cap M_i)$ は明らかに成り立つので，逆の包含関係を示せばよい．$S = \{u_\lambda \mid \lambda \in \Lambda\}$

を N の斉次元からなる生成元の集まりとする.すると $S \subset N^*$ なので

$$N = \sum_{\lambda \in \Lambda} \mathbb{Z}_2[x] u_\lambda \subset N^*$$

となる.

(ii)⇒(i):$S = \{u_\lambda \mid \lambda \in \Lambda\}$ を N の生成元の集まりとする.仮定から生成元 u_λ の斉次成分は N の元である.よって N は,生成元 u_λ のすべての斉次成分の集まりからも生成されることになる. □

命題 3.1.2 の条件を満たす部分加群 N を,斉次部分加群とよぶ.次数付き $\mathbb{Z}_2[x]$ 加群 M の斉次部分加群 N による剰余加群は

$$M/N \simeq \bigoplus_{i \geq 0} M_i/(N \cap M_i)$$

となる.これは

$$x^j M_i/(N \cap M_i) \subset M_{i+j}/(N \cap M_{i+j}), \quad i,j \in \mathbb{N}_0$$

より,次数付き $\mathbb{Z}_2[x]$ 加群となる.

次数が d 以上の $\mathbb{Z}_2$ 係数多項式の全体は,x^d で生成される環 $\mathbb{Z}_2[x]$ のイデアル

$$(x^d) = \left\{ f(x) = \sum \alpha_i x^i \;\middle|\; i \geq d, \alpha_i \in \mathbb{Z}_2 \right\}$$

となる.このとき (x^d) は,$\mathbb{Z}_2[x]$ を次数付き $\mathbb{Z}_2[x]$ 加群と見なした場合の斉次部分加群となっている.また剰余加群 $\mathbb{Z}_2[x]/(x^d)$ は

$$\mathbb{Z}_2[x]/(x^d) = \left\{ [f(x)] \;\middle|\; f(x) = \sum_{i=0}^{d-1} \alpha_i x^i,\; \alpha_i \in \mathbb{Z}_2 \right\}$$

で与えられる.

次数付き $\mathbb{Z}_2[x]$ 加群 $M = \bigoplus_{i=0}^{\infty} M_i$ と $M' = \bigoplus_{i=0}^{\infty} M'_i$ が与えられたとき,直和 $M \oplus M'$ には

$$M \oplus M' = \bigoplus_{i=0}^{\infty} (M_i \times M'_i)$$

から $\mathbb{Z}_2[x]$ の次数構造が入る.以後次数付き加群の直和には,この次数構造を定めることにする.3 個以上の直和についても同様である.

次に次数付き自由 $\mathbb{Z}_2[x]$ 加群 M の基底について調べてみる.

命題 3.1.3

M を階数 m の次数付き自由 $\mathbb{Z}_2[x]$ 加群とする．このとき斉次元 $u_1, \cdots, u_m$ からなる基底が存在する．

証明 $w_1, \cdots, w_m$ を M の基底とし，斉次成分への分解を

$$w_1 = w_{1,s(1)} + \cdots + w_{1,t(1)},$$
$$\vdots$$
$$w_m = w_{m,s(m)} + \cdots + w_{m,t(m)}$$

とする．これらの斉次成分を

$$V = \{v_1, \cdots, v_r\} = \{w_{ij} \mid 1 \leq i \leq m, s(i) \leq j \leq t(i)\}$$

とおくことで，M は斉次元を用いて生成される：

$$M = \mathbb{Z}_2[x]v_1 + \cdots + \mathbb{Z}_2[x]v_r.$$

ここで M を生成する V の部分集合で，その要素の個数が最小のものを 1 つ選び U とおく：

$$U = \left\{ u_1, \cdots, u_n \in V \;\middle|\; \sum_{i=1}^n \mathbb{Z}_2[x]u_i = M \right\}.$$

この U が $\mathbb{Z}_2[x]$ 上で一次独立になることを示す．

そこで $\alpha_1, \cdots, \alpha_n \in \mathbb{Z}_2[x]$ を用いて

$$\alpha_1 u_1 + \cdots + \alpha_n u_n = 0$$

とする．$\alpha_1 = \cdots = \alpha_n = 0$ でないとすると，ある次数 d で

$$x^{d-\deg u_{i_1}} u_{i_1} + \cdots + x^{d-\deg u_{i_k}} u_{i_k} = 0$$

となる関係式が得られる．これより $u_{i_1}, \cdots, u_{i_k}$ 内で最も次数の高い元が，それ以外の斉次元で構成できることになり，U の最小性に矛盾する．よって U は一次独立となる．定理 2.1.17 より $n = m$ となることから，この U が命題の斉次基底を与える． □

命題 3.1.4　次数付き自由 $\mathbb{Z}_2[x]$ 加群 M の 2 つの斉次基底を $\{u_1, \cdots, u_m\}$, $\{v_1, \cdots, v_m\}$ とする．このとき適当に順番を入れ替えることで $\deg v_i = \deg u_i$, $i = 1, \cdots, m$ とできる．

証明　階数 m についての帰納法．$m = 1$ の場合は明らかに成り立つ．基底変換の行列表示を

$$(v_1 \cdots v_m) = (u_1 \cdots u_m)A, \quad A = (a_{ij}) \in M_m(\mathbb{Z}_2[x]),$$
$$(u_1 \cdots u_m) = (v_1 \cdots v_m)\bar{A}, \quad \bar{A} = (\bar{a}_{ij}) \in M_m(\mathbb{Z}_2[x])$$

とする．ここで $\{u_1, \cdots, u_m\}$, $\{v_1, \cdots, v_m\}$ が斉次なので，$A, \bar{A}$ の各要素は斉次元にとれる．この両式から

$$(v_1 \cdots v_m) = (v_1 \cdots v_m)\bar{A}A$$

を得る．$v_1, \cdots, v_m$ は基底なので，これより $\bar{A}A = I$ となり，両辺の行列式をとることで $|A| = 1$ を得る．

ここで $a_{i1} \neq 0$ ならば $\deg v_1 \geq \deg u_i$ となるが，すべての i 行目で，$\deg v_1 > \deg u_i$ とすると

$$a_{i1} = x^{\deg v_1 - \deg u_i}$$

より，$|A|$ は x を因子としてもつことになる．よって $\deg v_1 = \deg u_i$, つまり $a_{i1} = 1$ となる i が存在する．そこで番号を適当に付け替えて $\deg v_1 = \deg u_1$, $a_{11} = 1$ としておく．

行列 A のブロック表示を

$$A = \begin{pmatrix} 1 & A_{12} \\ A_{21} & A_{22} \end{pmatrix}$$

と表す．ここで行列

$$P = \begin{pmatrix} 1 & A_{12} \\ 0 & I_{m-1} \end{pmatrix}, \quad Q = \begin{pmatrix} 1 & 0 \\ A_{21} & I_{m-1} \end{pmatrix}$$

を用いて，新しい基底

$$(v'_1 \cdots v'_m) = (v_1 \cdots v_m)P,$$

$$(u'_1 \cdots u'_m) = (u_1 \cdots u_m)Q$$

を導入する．この基底のもとでは

$$(v'_1 \cdots v'_m) = (u'_1 \cdots u'_m)B,$$
$$B = Q^{-1}AP = \begin{pmatrix} 1 & 0 \\ 0 & B_{22} \end{pmatrix}$$

が基底変換の行列表示となる．

すると P の形から $v'_1 = v_1$ となる．さらに $v'_i = v_i + a_{1i}v_1$, $2 \leq i \leq m$ であるが，$a_{1i} \neq 0$ とすると

$$\deg v_i = \deg a_{1i} + \deg u_1 = \deg a_{1i} + \deg v_1$$

となるので，v'_i ($2 \leq m$) も斉次元である．また Q の形から $u'_i = u_i$ ($2 \leq i \leq m$) であり，同様に u'_1 も斉次元であることが示される．

この座標系では

$$v'_1 = u'_1,$$
$$(v'_2 \cdots v'_m) = (u'_2 \cdots u'_m)B_{22}$$

となる．よって帰納法の仮定より

$$\{\deg v_i \mid 2 \leq i \leq m\} = \{\deg v'_i \mid 2 \leq i \leq m\}$$
$$= \{\deg u'_i \mid 2 \leq i \leq m\} = \{\deg u_i \mid 2 \leq i \leq m\}$$

を得る． □

命題の証明に出てきたような，すべての成分 a_{ij} が斉次元で与えられる行列 $A = (a_{ij}) \in M_{m,n}(\mathbb{Z}_2[x])$ を，斉次行列とよぶことにする．

次数付き自由 $\mathbb{Z}_2[x]$ 加群 $M = \bigoplus_{i=1}^m (x^{d_i})$ には次の標準基底

$$\boldsymbol{e}_1(d_1) = \begin{pmatrix} x^{d_1} \\ 0 \\ \vdots \\ 0 \end{pmatrix}, \boldsymbol{e}_2(d_2) = \begin{pmatrix} 0 \\ x^{d_2} \\ \vdots \\ 0 \end{pmatrix}, \cdots, \boldsymbol{e}_m(d_m) = \begin{pmatrix} 0 \\ 0 \\ \vdots \\ x^{d_m} \end{pmatrix}$$

が存在する．一般に，M の m 個の斉次元が基底になるための必要十分条件は次で与えられる．

命題 3.1.5 次数付き自由 $\mathbb{Z}_2[x]$ 加群 $M = \bigoplus_{i=1}^m (x^{d_i})$ の m 個の斉次ベクトル $\boldsymbol{v}_1, \cdots, \boldsymbol{v}_m$ が基底になる必要十分条件は，適当に番号を付け替えることで $\deg \boldsymbol{v}_i = d_i$, $i = 1, \cdots, m$ とでき，さらに行列 $V = (\boldsymbol{v}_1 \cdots \boldsymbol{v}_m)$ の行列式が $|V| = x^d$ となることである．ここで $d = d_1 + \cdots + d_m$ である．

証明 斉次ベクトル $\boldsymbol{v}_1, \cdots, \boldsymbol{v}_m$ を M の基底とする．このとき標準基底 $\boldsymbol{e}_1(d_1), \cdots, \boldsymbol{e}_m(d_m)$ を考えれば，命題 3.1.4 より適当に番号を付け替えることで $\deg \boldsymbol{v}_i = d_i$ とできる．また標準基底 $\boldsymbol{e}_i(d_i)$ と $\boldsymbol{v}_1, \cdots, \boldsymbol{v}_m$ の間の基底変換を

$$(\boldsymbol{e}_1(d_1) \cdots \boldsymbol{e}_m(d_m)) = (\boldsymbol{v}_1 \cdots \boldsymbol{v}_m) A, \quad A \in M_m(\mathbb{Z}_2[x]),$$
$$(\boldsymbol{v}_1 \cdots \boldsymbol{v}_m) = (\boldsymbol{e}_1(d_1) \cdots \boldsymbol{e}_m(d_m)) \bar{A}, \quad \bar{A} \in M_m(\mathbb{Z}_2[x])$$

で表す．両式から

$$(\boldsymbol{e}_1(d_1) \cdots \boldsymbol{e}_m(d_m)) = (\boldsymbol{e}_1(d_1) \cdots \boldsymbol{e}_m(d_m)) \bar{A} A$$

を得るが，この両辺の行列式をとると $|A| = 1$ が従う．よって基底変換の最初の式の行列式を比較することで

$$x^d = |V||A|$$

となり，$|V| = x^d$ となる．よって必要性が示せた．

逆に $\deg \boldsymbol{v}_i = d_i$, $i = 1, \cdots, m$ かつ $|V| = x^d$ とする．ここで V を標準基底 $\boldsymbol{e}_1(d_1), \cdots, \boldsymbol{e}_m(d_m)$ を用いて

$$V = \tilde{V} \begin{pmatrix} x^{d_1} & & 0 \\ & \ddots & \\ 0 & & x^{d_m} \end{pmatrix} = \tilde{V}(\boldsymbol{e}_1(d_1) \cdots \boldsymbol{e}_m(d_m)), \quad \tilde{V} \in M_m(\mathbb{Z}_2)$$

と表す．すると $|\tilde{V}| = 1$ なので，$\tilde{V}$ は逆行列 $\tilde{V}^{-1} \in M_n(\mathbb{Z}_2)$ をもつ．よって標準基底は $\tilde{V}$ を用いて

$$(\boldsymbol{e}_1(d_1) \cdots \boldsymbol{e}_m(d_m)) = \tilde{V}^{-1} V$$

と表せる.

ここで $c_1(x), \cdots, c_m(x) \in \mathbb{Z}_2[x]$ について

$$0 = c_1(x)\bm{v}_1 + \cdots + c_m(x)\bm{v}_m$$

とする. このとき, この両辺に $\tilde{V}^{-1}$ をかけると

$$\begin{aligned} 0 &= c_1(x)\tilde{V}^{-1}\bm{v}_1 + \cdots + c_m(x)\tilde{V}^{-1}\bm{v}_m \\ &= c_1(x)\bm{e}_1(d_1) + \cdots + c_m(x)\bm{e}_m(d_m) \end{aligned}$$

となることから, $c_1(x) = \cdots = c_m(x) = 0$ が従う. よって $\bm{v}_1, \cdots, \bm{v}_m$ は一次独立となり, 定理 2.1.17 と合わせると基底であることが示される. □

命題 3.1.5 の系として次が得られる.

系 3.1.6 $\bm{v}_1, \cdots, \bm{v}_m$ を次数付き自由 $\mathbb{Z}_2[x]$ 加群 $M = \bigoplus_{i=1}^{m}(x^{d_i})$ の斉次基底とし, その次数を $\deg \bm{v}_i = d_i$, $i = 1, \cdots, m$ とする. このとき行列 $A \in M_m(\mathbb{Z}_2[x])$ について, 行列 $(\bm{u}_1 \cdots \bm{u}_m) = (\bm{v}_1 \cdots \bm{v}_m)A$ の列ベクトルが M の斉次基底になる必要十分条件は, 次の (i) と (ii) が成り立つことである:

(i) A は $|A| = 1$ となる斉次行列であり,
(ii) $d_1, \cdots, d_m$ のある置換 $d'_1, \cdots, d'_m$ が存在して, A の非零要素は $a_{ij} = x^{d'_j - d_i}$ で与えられる.

証明 $V = (\bm{v}_1 \cdots \bm{v}_m)$, $U = (\bm{u}_1 \cdots \bm{u}_m)$ とおく. まずはじめに, $\bm{u}_1, \cdots, \bm{u}_m$ を M の斉次基底とし, その次数を $d'_i = \deg \bm{u}_i$, $1 \leq i \leq m$ とおく. すると命題 3.1.4 より $d'_1, \cdots, d'_m$ は $d_1, \cdots, d_m$ のある置換となる. また命題 3.1.5 から $|U| = |V| = x^d$, $d = d_1 + \cdots + d_m$ となるので $|A| = 1$ を得る.

また A の非零成分 a_{ij} を

$$a_{ij} = b_{ij} + c_{ij}, \quad \deg b_{ij} = d'_j - d_i, \ \deg c_{ij} \neq d'_j - d_i$$

と分けて表すと

$$\bm{u}_j = \sum_{i=1}^{m} a_{ij}\bm{v}_i$$

$$= \sum_{i=1}^{m} b_{ij}\boldsymbol{v}_i + \sum_{i=1}^{m} c_{ij}\boldsymbol{v}_i$$

となるが，$\deg \boldsymbol{u}_j = d'_j$ なので

$$\sum_{i=1}^{m} c_{ij}\boldsymbol{v}_i = \boldsymbol{0}$$

となる．ここで $\boldsymbol{v}_1, \cdots, \boldsymbol{v}_m$ は M の基底なので $c_{ij} = 0$ を得る．よって A の非零成分 a_{ij} は $a_{ij} = x^{d'_j - d_i}$ で与えられ，A は斉次行列になる．

逆に A が仮定を満たす斉次行列とすると，$\boldsymbol{u}_i$ は次数が $\deg \boldsymbol{u}_i = d'_i$ で与えられる斉次ベクトルとなる．さらに

$$|U| = |V||A| = x^d$$

となるので，命題 3.1.5 から $\boldsymbol{u}_1, \cdots, \boldsymbol{u}_m$ は M の斉次基底となる． □

系 3.1.6 に現れる行列 A を，斉次基底 $\boldsymbol{v}_1, \cdots, \boldsymbol{v}_m$ から斉次基底 $\boldsymbol{u}_1, \cdots, \boldsymbol{u}_m$ への次数付き基底変換行列とよぶ．2 章と同様に，次数付き基底変換の構成でよく用いられる，$\mathbb{Z}_2[x]$ における基本行列を導入しておく．

[定義 3.1.7] 次の 2 つの正方行列を，環 $\mathbb{Z}_2[x]$ の基本行列とよぶ．

(i)

$$E_{ij} = \begin{pmatrix} 1 & & & & & & & & & \\ & \cdot & & & & & & & & \\ & & 1 & & & & & & & \\ & & & 0 & \cdot\cdot & 0 & 1 & & & \\ & & & \cdot & 1 & & 0 & & & \\ & & & \cdot & & \cdot & \cdot & & & \\ & & & 0 & & 1 & \cdot & & & \\ & & & 1 & 0 & \cdot\cdot & 0 & & & \\ & & & & & & & 1 & & \\ & & & & & & & & \cdot & \\ & & & & & & & & & 1 \end{pmatrix} \begin{matrix} \\ \\ \\ i\text{行} \\ \\ \\ \\ j\text{行} \\ \\ \\ \end{matrix}$$

(ii)

- $i < j$ の場合

$$E_{ij}(x^l) = \begin{pmatrix} 1 & & & & & & & \\ & \cdot & & & & & & \\ & & 1 & 0 & \cdots & x^l & & \\ & & 0 & 1 & & 0 & & \\ & & \cdot & & \cdot & & & \\ & & \cdot & & 1 & 0 & & \\ & & 0 & \cdots & 0 & 1 & & \\ & & & & & & \cdot & \\ & & & & & & & 1 \end{pmatrix} \begin{matrix} \\ \\ i\text{行} \\ \\ \\ \\ j\text{行} \\ \\ \end{matrix}$$

- $i > j$ の場合

$$E_{ij}(x^l) = \begin{pmatrix} 1 & & & & & & & \\ & \cdot & & & & & & \\ & & 1 & 0 & \cdots & 0 & & \\ & & 0 & 1 & & 0 & & \\ & & \cdot & & \cdot & & & \\ & & \cdot & & 1 & 0 & & \\ & & x^l & \cdots & 0 & 1 & & \\ & & & & & & \cdot & \\ & & & & & & & 1 \end{pmatrix} \begin{matrix} \\ \\ j\text{行} \\ \\ \\ \\ i\text{行} \\ \\ \end{matrix}$$

┃┃ **命題 3.1.8** ┃┃ 基本行列の逆行列はそれぞれ次で与えられる．

(i) $E_{ij}^{-1} = E_{ij}$
(ii) $E_{ij}(x^l)^{-1} = E_{ij}(x^l)$

一般の階数 m の次数付き自由 $\mathbb{Z}_2[x]$ 加群 M の場合，命題 3.1.3 より斉次基底 $v_1, \cdots, v_m$ （次数 $d_i = \deg v_i$ とする）が存在する．このような斉次基底を1つ指定することで，次数構造を保った同型対応

$$M \ni (v_1 \cdots v_m) \begin{pmatrix} a_1 \\ \vdots \\ a_m \end{pmatrix} \longleftrightarrow (e_1(d_1) \cdots e_m(d_m)) \begin{pmatrix} a_1 \\ \vdots \\ a_m \end{pmatrix} \in \bigoplus_{i=1}^m (x^{d_i})$$

が成り立つ．

また $M = \bigoplus_{i \geq 0} M_i, N = \bigoplus_{i \geq 0} N_i$ を次数付き自由 $\mathbb{Z}_2[x]$ 加群とし，$f: M \to N$ を $\mathbb{Z}_2[x]$ 準同型写像であって $f(M_i) \subset N_i$ を満たすとする．このような $\mathbb{Z}_2[x]$ 準同型写像を次数付き $\mathbb{Z}_2[x]$ 準同型写像とよぶ．M, N の階数をそれぞれ m, n とし，$u_1, \cdots, u_m \in M, v_1, \cdots, v_n \in N$ を斉次基底とすると，写像 f の行列表示 $A = (a_{ij})$ は

で定まる．行列表示すると

$$(f(u_1), \cdots, f(u_m)) = (v_1, \cdots, v_n)A$$

で与えられる．このとき表現行列 A は斉次行列で，$a_{ij} \neq 0$ なら $a_{ij} = x^{\deg u_j - \deg v_i}$ となることが示される（証明は系 3.1.6 と同様である）．

3.1.3　$\mathbb{Z}_2[x]$ 係数行列のスミス標準形

2 章では，任意の行列 $A \in M_{m,n}(\mathbb{Z})$ は，スミス標準形に変換可能であることを見た．実はこの性質は $\mathbb{Z}$ 係数行列に限らず，一般に単項イデアル整域 R 上の任意の行列 $A \in M_{m,n}(R)$ で成立する．命題 3.1.1 より $\mathbb{Z}_2[x]$ は単項イデアル整域であるから，$\mathbb{Z}_2[x]$ 係数行列 A についてもスミス標準形への変換が可能である．ここでは行列 A に制限を付けた，次の形の定理を証明することにする．

定理 3.1.9　次数付き準同型写像の斉次基底に関する表現行列 $A \in M_{m,n}(\mathbb{Z}_2[x])$ は，次の形の行列

$$B = Q^{-1}AP = \left(\begin{array}{ccc|c} c_1 & & 0 & \\ & \ddots & & 0 \\ 0 & & c_k & \\ \hline & 0 & & 0 \end{array} \right), \quad c_i \mid c_{i+1}, \quad i = 1, \cdots, k-1 \quad (3.1.1)$$

に変換可能である．ここで P, Q は環 $\mathbb{Z}_2[x]$ の基本行列の合成で構成される．さらに $c_1, \cdots, c_k$ は単項式 $c_i = x^{l_i}, l_i \geq 0$ で与えられる．

この定理で得られる行列 (3.1.1) を表現行列 A のスミス標準形とよぶ．この形にしておくと次数付き準同型写像の核と像が即座に求まる．

証明 次の形の表現行列

$$A = \left(\begin{array}{ccc|c} c_1 & & 0 & \\ & \ddots & & 0 \\ 0 & & c_{k-1} & \\ \hline & 0 & & \tilde{A} \end{array}\right), \tag{3.1.2}$$

$\tilde{A}$: 非零斉次行列, $c_i \mid c_{i+1}$, $i = 1, \cdots, k-2$, $c_{k-1} \mid \tilde{A}$

が基本行列の合成 P, Q を用いて

$$B = Q^{-1}AP = \left(\begin{array}{cccc|c} c_1 & & & 0 & \\ & \ddots & & & 0 \\ & & c_{k-1} & 0 & \\ 0 & & 0 & c_k & \\ \hline & 0 & & & \tilde{B} \end{array}\right),$$

$\tilde{B}$: 斉次行列, $c_i \mid c_{i+1}$, $i = 1, \cdots, k-1$, $c_k \mid \tilde{B}$

へ変換できることを示す.この命題を帰納的に用いることで定理は証明できる.

$\tilde{A}$ の非零成分で次数が最小のものを1つ選び a_{st} とする.$(s,t) \neq (k,k)$ の場合は,行と列の入れ替えを行うことで(対応する基本行列を Q_1, P_1 とする)

$$A' = Q_1^{-1}AP_1 = \begin{pmatrix} c_1 & & 0 & & \\ & \ddots & & 0 & 0 \\ 0 & & c_{k-1} & & \\ \hline & 0 & & a_{st} & C' \\ & & & & \\ & 0 & & D' & \tilde{A}' \end{pmatrix}$$

に変形する．ここで a_{st} は $\tilde{A}$ の次数最小の単項式であることから，適当な基本行列の合成 Q_2, P_2 を用いて

$$Q_2^{-1}A'P_2 = \begin{pmatrix} c_1 & & 0 & & \\ & \ddots & & 0 & 0 \\ 0 & & c_{k-1} & & \\ \hline & 0 & & a_{st} & 0 \\ & & & & \\ & 0 & & 0 & \tilde{B} \end{pmatrix}$$

に変形できる．よって $Q = Q_1Q_2, P = P_1P_2$ とし $a_{st} = c_k$ とすると

$$B = Q^{-1}AP = \begin{pmatrix} c_1 & & & 0 & & \\ & \ddots & & & & 0 \\ & & c_{k-1} & 0 & & \\ \hline 0 & & 0 & c_k & & \\ & & & & & \\ & 0 & & & \tilde{B} & \end{pmatrix}$$

を得る．ここで仮定 $c_{k-1} \mid \tilde{A}$ より，$c_{k-1} \mid c_k$ が従う．また P, Q は斉次の基底変換に対応するので，新しく得られる表現行列 $\tilde{B}$ の各成分も単項式である．さらに c_k は $\tilde{A}$ の次数最小の非零成分であり，$\tilde{B}$ は $\tilde{A}$ からの基本変形で得られているので $c_k \mid \tilde{B}$ が従う．よって定理が証明された． □

3.1.4 有限生成 $\mathbb{Z}_2[x]$ 加群の構造定理

この項では有限生成次数付き $\mathbb{Z}_2[x]$ 加群の構造定理を解説する．まず階数 p の次数付き自由 $\mathbb{Z}_2[x]$ 加群 $F = \bigoplus_{i=1}^{p}(x^{d_i})$ に対して，斉次部分加群 $H \subset G \subset F$ が定める剰余加群 G/H について次が成り立つ．

定理 3.1.10　斉次部分加群 $H \subset G \subset F$ の階数をそれぞれ n, m とする．このとき $s \in \mathbb{N}_0$ と自然数 $l_1 \leq \cdots \leq l_s$ が存在して，剰余加群 G/H は G のある斉次基底 $g_1, \cdots, g_m$ を用いて

$$G/H = \bigoplus_{i=1}^{s} \langle [g_i] \rangle \oplus \bigoplus_{i=n+1}^{m} \langle [g_i] \rangle,$$
$$\mathrm{Ann}\,([g_i]) = (x^{l_i}), \quad i = 1, \cdots, s,$$
$$\mathrm{Ann}\,([g_i]) = 0, \quad i = n+1, \cdots, m$$

と表せる．ここで $s = 0$ の場合は，零化イデアルが $\mathrm{Ann}\,([g_i]) \neq 0$ となる直和成分は現れない．

証明　定理 2.1.18 より，自由 $\mathbb{Z}_2[x]$ 加群の部分加群は自由加群である．そこで G の斉次基底を $u_1, \cdots, u_m$, H の斉次基底を $v_1, \cdots, v_n$ とする．H は G の部分加群なので，包含写像 $\iota: H \to G$ のこの基底に関する表現行列 A が

$$(v_1 \cdots v_n) = (u_1 \cdots u_m) A$$

で定まる．包含写像は次数付き準同型写像なので，定理 3.1.9 より表現行列 A はスミス標準形

$$B = Q^{-1}AP = \begin{pmatrix} x^{l_1} & & 0 & \\ & \ddots & & 0 \\ 0 & & x^{l_k} & \\ \hline & 0 & & 0 \end{pmatrix}, \qquad l_i \leq l_{i+1}, \ \ i = 1, \cdots, k-1$$

に変換可能である．ここで P, Q は基本行列の合成で与えられ，G, H に対してそれぞれ新しい斉次基底

$$(g_1 \cdots g_m) = (u_1 \cdots u_m)Q,$$
$$(h_1 \cdots h_n) = (v_1 \cdots v_n)P$$

を定める．

さて包含写像 $\iota : H \to G$ の像の階数は n で与えられるので，スミス標準形 B において $k = n$，つまり

$$B = Q^{-1}AP = \begin{pmatrix} x^{l_1} & & 0 \\ & \ddots & \\ 0 & & x^{l_n} \\ \hline & 0 & \end{pmatrix}, \qquad 0 \leq l_i \leq l_{i+1}, \ i = 1, \cdots, n-1$$

となる．G, H の新しい基底とその表現行列 B は

$$(h_1 \cdots h_n) = (g_1 \cdots g_m) \begin{pmatrix} x^{l_1} & & 0 \\ & \ddots & \\ 0 & & x^{l_n} \\ \hline & 0 & \end{pmatrix}$$

の関係にあることから $h_i = x^{l_i} g_i$，$1 \leq i \leq n$ が得られる．

最初にある $s > 0$ で $l_i = 0$, $1 \leq i \leq n-s$, $l_{n-s+1} \neq 0$ となる場合を考察する．このとき G の基底 $g_1, \cdots, g_m$ の剰余加群 G/H での像は

$$[g_i] = 0, \quad i = 1, \cdots, n-s,$$
$$[g_i] \neq 0, \quad i = n-s+1, \cdots, m$$

である．ここで $i = n-s+1, \cdots, m$ について，$c[g_i] = 0$ なら $cg_i \in H$ より

$$cg_i = \sum_{j=1}^{n} \alpha_j x^{l_j} g_j$$

と表せる．

これより $i = n-s+1, \cdots, n$ の場合は，一次独立性より $c = \alpha_i x^{l_i}$ となる．よって $c \in (x^{l_i})$ となる．一方 $x^{l_i}[g_i] = [x^{l_i}g_i] = [h_i] = 0$ なので，結局

$$\text{Ann}\,([g_i]) = (x^{l_i})$$

となる．また $i = n+1, \cdots, m$ では一次独立性より $c = 0$ となるので

$$\text{Ann}\,([g_i]) = 0$$

となる．

よって $G/H = \sum_{i=n-s+1}^{m} \langle [g_i] \rangle$ となるので，この分解の一意性を示せば定理は証明される．そこで G/H の元 $[g]$ が2通りの表示

$$[g] = \sum_{i=n-s+1}^{m} \alpha_i [g_i] = \sum_{i=n-s+1}^{m} \beta_i [g_i]$$

をもつとする．するとある $\gamma_1, \cdots, \gamma_n \in \mathbb{Z}_2[x]$ を使って

$$\sum_{i=n-s+1}^{m} (\alpha_i - \beta_i) g_i = \sum_{i=1}^{n} \gamma_i x^{l_i} g_i \in H$$

と表せる．よって $i = n-s+1, \cdots, n$ では $\alpha_i - \beta_i = \gamma_i x^{l_i}$ となり $\alpha_i[g_i] = \beta_i[g_i]$ を得る．一方 $i = n+1, \cdots, m$ では $\alpha_i = \beta_i$ となり一意性が示せた．適当に基底の番号を取り替えることで，定理の形の直和分解が得られる．

最後に $s = 0$ の場合では，これまでの議論より $\text{Ann}\,([g_i]) \neq 0$ となる直和成分は現れない． □

次の有限生成次数付き $\mathbb{Z}_2[x]$ 加群の構造定理は，定理 3.1.10 から直ちに導ける．

定理 3.1.11 $M = \bigoplus_{i \geq 0} M_i$ を有限生成次数付き $\mathbb{Z}_2[x]$ 加群とする. このとき M は次の同型

$$M \simeq \bigoplus_{i=1}^{s} \left((x^{d_i}) \big/ (x^{d_i+l_i}) \right) \oplus \bigoplus_{i=s+1}^{s+r} (x^{d_i})$$

$$d_i \in \mathbb{N}_0, \quad 1 \leq l_i \leq l_{i+1}, \quad i = 1, \cdots, s-1$$

の形に表せる. さらに d_i, l_i, s, r は M の次数を保つ同型類から一意に定まる.

証明 $u_1, \cdots, u_m$ を次数が $d_i = \deg u_i$ で与えられる M の斉次生成元とする:

$$M = \mathbb{Z}_2[x]u_1 + \cdots + \mathbb{Z}_2[x]u_m.$$

階数 m の次数付き自由 $\mathbb{Z}_2[x]$ 加群

$$F = (x^{d_1}) \oplus \cdots \oplus (x^{d_m})$$

から M への次数付き準同型写像 $f : F \to M$ を

$$f(\boldsymbol{e}_i(d_i)) = u_i, \quad i = 1, \cdots, m$$

で定める. ここで $\boldsymbol{e}_i(d_i)$ は F の標準基底である. この写像は明らかに全射なので, 準同型定理により

$$M \simeq F/\mathrm{Ker}\, f$$

となる. 一方 $\mathrm{Ker}\, f$ は斉次部分加群なので, 関係 $\mathrm{Ker}\, f \subset F$ に定理 3.1.10 を使うと, M は F の適当な斉次基底 $g_1, \cdots, g_m$ （次数を $d_i = \deg g_i$ とする）を用いて

$$M \simeq \bigoplus_{i=1}^{s} \langle [g_i] \rangle \oplus \bigoplus_{i=s+1}^{s+r} \langle [g_i] \rangle,$$

$$\mathrm{Ann}\,([g_i]) = (x^{l_i}), \quad i = 1, \cdots, s, \quad 1 \leq l_1 \leq \cdots \leq l_s,$$

$$\mathrm{Ann}\,([g_i]) = 0, \quad i = s+1, \cdots, s+r$$

と表せる.

一方で，次数付き準同型写像

$$\varphi : (x^{d_i}) \ni f(x)x^{d_i} \mapsto f(x)[g_i] \in \langle [g_i] \rangle$$

から従う同型対応 $(x^{d_i})/\mathrm{Ker}\,\varphi \simeq \langle [g_i] \rangle$ から

$$\langle [g_i] \rangle \simeq \begin{cases} (x^{d_i})/(x^{d_i+l_i}), & i = 1, \cdots, s, \\ (x^{d_i}), & i = s+1, \cdots, s+r \end{cases}$$

を得る．よって M の同型対応としては

$$M \simeq \left(\bigoplus_{i=1}^{s} (x^{d_i})/(x^{d_i+l_i}) \right) \oplus \left(\bigoplus_{i=s+1}^{s+r} (x^{d_i}) \right)$$

が成り立つ．ここに現れる d_i, l_i, s, r の一意性も，定理 2.1.30 と同様に証明できる． □

3.2 パーシステントホモロジー群

単体複体 $K^t, t = 0, 1, \cdots$ のフィルトレーション

$$\mathbb{K}: K^0 \subset K^1 \subset \cdots \subset K^t \subset \cdots \tag{3.2.1}$$

を考える．ここでフィルトレーション内の単体複体 K^t を指定する添字 t を時刻とよぶことにする．フィルトレーション $\mathbb{K}$ は，ある非負整数 Θ が存在し $K^j = K^{\Theta}$, $j \geq \Theta$ が成り立つとき，有限型であるという．またこの性質を満たす Θ の最小値を，フィルトレーションの飽和時刻とよぶことにする．以後本章では有限型フィルトレーションのみ考察する．

フィルトレーション (3.2.1) に対して

$$K = \bigcup_{t \geq 0} K^t$$

とする．また K_k^t を時刻 t での単体複体 K^t の k 次元単体の集まりとする．同様に K_k を単体複体 K の k 次元単体の集まりとする．さらに K 内の単体 σ が時刻 t で新たに発生したとき，つまり

$$\sigma \in K^t \setminus K^{t-1}$$

のとき，$T(\sigma) = t$ と表す．

各次元 k ごとに，自由 $\mathbb{Z}_2$ 加群

$$C_k(K^t) = \sum_{\sigma \in K_k^t} \mathbb{Z}_2 \sigma \qquad (3.2.2)$$

を定める．さらにこれらの直和

$$C_k(\mathbb{K}) = \bigoplus_{t \geq 0} C_k(K^t) = \{(c_0, c_1, \cdots, c_t, \cdots) \mid c_t \in C_k(K^t)\}$$

に，次の x の作用

$$x \cdot (c_0, c_1, \cdots) = (0, c_0, c_1, \cdots)$$

を導入する．すると $x \cdot C_k(K^t) \subset C_k(K^{t+1})$ より，$C_k(\mathbb{K})$ は次数付き $\mathbb{Z}_2[x]$ 加群となる．この次数付き $\mathbb{Z}_2[x]$ 加群 $C_k(\mathbb{K})$ をフィルトレーション $\mathbb{K}$ に対する k 鎖群とよぶ．また，斉次部分 $C_k(K^t)$ から $C_k(\mathbb{K})$ への包含写像 $i_t : C_k(K^t) \to C_k(\mathbb{K})$,

$$i_t(\sigma) = (c_0, c_1, \cdots), \quad c_i = \begin{cases} \sigma, & i = t, \\ 0, & i \neq t \end{cases}$$

を導入しておく．

ここで k 鎖群 $C_k(\mathbb{K})$ は

$$\Xi_k = \{e_\sigma = i_{T(\sigma)}(\sigma) \mid \sigma \in K_k\} \qquad (3.2.3)$$

を基底とする自由 $\mathbb{Z}_2[x]$ 加群になることが確かめられる．そこで境界作用素 $\partial_k : C_k(\mathbb{K}) \to C_{k-1}(\mathbb{K})$, $k \geq 0$ を，Ξ_k を用いて次のように導入する．

まず $\partial_0 = 0$ とする．次に $k > 0$ の場合は，基底 Ξ_k に対して

$$\partial_k(e_\sigma) = \sum_{i=0}^{k} \left(x^{T(\sigma) - T(\sigma_i)}\right) e_{\sigma_i}, \quad \sigma \in K_k \qquad (3.2.4)$$

で定める．ここで k 単体 $\sigma = |v_0 \cdots v_k| \in K_k$ の面を $\sigma_i = |v_0 \cdots \hat{v}_i \cdots v_k|$ (v_i を除く) で表している．つまり括弧の中に現れる $x^{T(\sigma)-T(\sigma_i)}$ が，基底 $\Xi_k, k \geq 0$ に対する境界作用素の行列表示を与える．ここでフィルトレーションの制約から，単体 σ の面 σ_i に対しては $T(\sigma_i) \leq T(\sigma)$ である．またここで導

入した境界作用素は，次数付き準同型写像 $\partial_k(C_k(K^t)) \subset C_{k-1}(K^t)$ であることにも注意しておく．

2章と同様に，ここで導入した境界作用素に関して次が成立する．

命題 3.2.1 すべての $k \in \mathbb{N}$ について，$\partial_{k-1} \circ \partial_k = 0$ が成り立つ．

証明 $\sigma = |v_0 \cdots v_k|$ とし，面を $\sigma_i = |v_0 \cdots \hat{v}_i \cdots v_k|, \sigma_{ij} = |v_0 \cdots \hat{v}_i \cdots \hat{v}_j \cdots v_k|$ と表すことにする．すると $\mathbb{Z}_2[x]$ 演算に注意すると

$$\begin{aligned}
\partial_{k-1} \circ \partial_k(e_\sigma) &= \partial_{k-1} \sum_{i=0}^{k} \left(x^{T(\sigma)-T(\sigma_i)}\right) e_{\sigma_i} \\
&= \sum_{i=0}^{k} \left(x^{T(\sigma)-T(\sigma_i)}\right) \partial_{k-1}(e_{\sigma_i}) \\
&= \sum_{i=0}^{k} \left(x^{T(\sigma)-T(\sigma_i)}\right) \left(\sum_{s<i} x^{T(\sigma_i)-T(\sigma_{si})} e_{\sigma_{si}} + \sum_{i<t} x^{T(\sigma_i)-T(\sigma_{it})} e_{\sigma_{it}}\right) \\
&= 2 \sum_{i<j} \left(x^{T(\sigma)-T(\sigma_{ij})}\right) e_{\sigma_{ij}} = 0
\end{aligned}$$

を得る．よって $\partial_{k-1} \circ \partial_k = 0$ が従う． $\square$

ここで k 鎖群 $C_k(\mathbb{K})$ に対して，2つの斉次部分加群を導入する：

$$Z_k(\mathbb{K}) = \mathrm{Ker}\, \partial_k,$$
$$B_k(\mathbb{K}) = \mathrm{Im}\, \partial_{k+1}.$$

$Z_k(\mathbb{K})$ の元を k 次サイクル，$B_k(\mathbb{K})$ の元を k 次バウンダリーという．$Z_k(\mathbb{K})$，$B_k(\mathbb{K})$ は斉次部分加群なので，$Z_k(K^t) = Z_k(\mathbb{K}) \cap C_k(K^t), B_k(K^t) = B_k(\mathbb{K}) \cap C_k(K^t)$ とすると，命題3.1.2 より

$$Z_k(\mathbb{K}) = \bigoplus_{t \geq 0} Z_k(K^t),$$
$$B_k(\mathbb{K}) = \bigoplus_{t \geq 0} B_k(K^t)$$

が成り立つ．また命題3.2.1から $B_k(\mathbb{K}) \subset Z_k(\mathbb{K})$ が従う．

単体複体のフィルトレーションに対して，そのパーシステントホモロジー群は次で定められる．

[定義 3.2.2] 単体複体の有限型フィルトレーション

$$\mathbb{K}: K^0 \subset K^1 \subset \cdots \subset K^t \subset \cdots$$

に対して，k 次パーシステントホモロジー群 $PH_k(\mathbb{K})$ は

$$PH_k(\mathbb{K}) = Z_k(\mathbb{K})/B_k(\mathbb{K})$$

で定められる．

パーシステントホモロジー群 $PH_k(\mathbb{K})$ をもう少し詳しく見ていこう．まず $Z_k(\mathbb{K}), B_k(\mathbb{K})$ は斉次部分加群なので，パーシステントホモロジー群は次数付き $\mathbb{Z}_2[x]$ 加群として

$$PH_k(\mathbb{K}) = \bigoplus_{t \geq 0} Z_k(K^t)/B_k(K^t) = \bigoplus_{t \geq 0} H_k(K^t)$$

で与えられる．ここで x の $PH_k(\mathbb{K})$ への作用は，包含写像 $C_k(K^t) \to C_k(K^{t+1})$ が誘導する準同型写像

$$\varphi_t^{t+1}: H_k(K^t) \to H_k(K^{t+1})$$

を用いて

$$x \cdot [z] = \varphi_t^{t+1}([z]), \quad [z] \in H_k(K^t)$$

で与えられる．

また定理 3.1.10 よりパーシステントホモロジー群 $PH_k(\mathbb{K})$ は，$Z_k(\mathbb{K})$ のある斉次基底 $g_1, \cdots, g_m$ を用いて

$$PH_k(\mathbb{K}) = \bigoplus_{i=1}^{s} \langle [g_i] \rangle \oplus \bigoplus_{i=s+1}^{s+r} \langle [g_i] \rangle,$$

$$\text{Ann}([g_i]) = (x^{l_i}), \quad i = 1, \cdots, s, \ 1 \leq l_i \leq l_{i+1},$$

$$\text{Ann}([g_i]) = 0, \quad i = s+1, \cdots, s+r$$

と表せる．よってこの表示において $d_i = \deg g_i$ とすると，生成元 $[g_i]$ は時刻 d_i の単体複体 K^{d_i} で新たに発生するホモロジー類を表す．そこで各生成元 $[g_i] \in PH_k(\mathbb{K})$ に対応する $H_k(K^{d_i})$ のホモロジー類を，$[h_i] \in H_k(K^{d_i})$ で表すことにしよう．

すると Ann $([g_i]) = (x^{l_i})$, $i = 1, \cdots, s$ から

$$\varphi_{d_i}^{d_i+l}([h_i]) \neq 0, \quad 0 \leq l < l_i,$$
$$\varphi_{d_i}^{d_i+l_i}([h_i]) = 0$$

が従う．すなわち時刻 d_i で発生したサイクル $h_i \in Z_k(K^{d_i})$ が，時刻 $d_i + l_i$ でバウンダリー $h_i \in Z_k(K^{d_i}) \cap B_k(K^{d_i+l_i})$ になることを意味する．よって l_i はサイクルの存続区間を表すことになる．

一方 Ann $([g_i]) = 0$ の場合も同様に考えると，対応するホモロジー類 $[h_i] \in H_k(K^{d_i})$ は

$$\varphi_{d_i}^{d_i+l}([h_i]) \neq 0, \quad l \geq 0$$

を満たす．これは時刻 d_i で発生したホモロジー類 $[h_i]$ が，フィルトレーション内で飽和時刻まで存続することを意味する．

また定理 3.1.11 からパーシステントホモロジー群 $PH_k(\mathbb{K})$ は同型対応

$$PH_k(\mathbb{K}) \simeq \bigoplus_{i=1}^{s} \left((x^{d_i}) \Big/ (x^{d_i+l_i}) \right) \oplus \bigoplus_{i=s+1}^{s+r} (x^{d_i}) \tag{3.2.5}$$

をもつ．つまり次の有限個のデータを指定することで，$PH_k(\mathbb{K})$ を表現することが可能となる．

[**定義 3.2.3**]　パーシステントホモロジー群 (3.2.5) に対して

$$I_i = \begin{cases} [d_i, d_i + l_i), & i = 1, \cdots, s, \\ [d_i, \Theta], & i = s+1, \cdots, s+r \end{cases}$$

をパーシステント区間とよぶ．ここで Θ はフィルトレーション (3.2.1) の飽和時刻である．また d_i をパーシステント区間 I_i の発生時刻，$d_i + l_i$ を消滅時刻とよぶ．

パーシステント区間 $I_i = [d_i, d_i + l_i)$ において，l_i はそのホモロジー類がフィルトレーション内で存続する幅を与える．よってパーシステント区間が長いほど，フィルトレーションの中で長く生き残るホモロジー類を表す．今後パーシステント区間 I_i に対して，$I_i(b)$ で区間の下限（birth），$I_i(d)$ で区間の上限（death）を表すことにする．

[定義 3.2.4] パーシステントホモロジー群 (3.2.5) に対して

$$PD_k(\mathbb{K}) = \{(I_i(b), I_i(d)) \in \mathbb{R}^2 \mid i = 1, \cdots, s+r\}$$

を k 次パーシステント図と定める．

ここで $l_i \geq 1$ かつ $d_i \leq \Theta$ より，パーシステント図 $PD_k(\mathbb{K})$ 内のすべての点は対角線より上側にくる．また定義より，対角線付近の点はパーシステント区間が短いため，発生してからすぐに消滅するホモロジー類に対応する．一方で対角線から離れたところにある点は，長く生き残るホモロジー類を表すことになる．

■ 例 3.2.5 図 3.2 で与えられるフィルトレーション $\mathbb{K}$ のパーシステントホモロジー群を計算してみよう．式 (3.2.3) より各次元での基底は

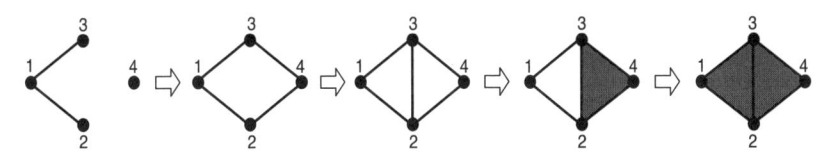

図 3.2 フィルトレーション $\mathbb{K}$．飽和時刻 $\Theta = 4$．

$C_0(\mathbb{K})$ の基底： $e_{|1|} = i_0(|1|),\ e_{|2|} = i_0(|2|),\ e_{|3|} = i_0(|3|),\ e_{|4|} = i_0(|4|),$

$C_1(\mathbb{K})$ の基底： $e_{|12|} = i_0(|12|),\ e_{|13|} = i_0(|13|),\ e_{|24|} = i_1(|24|),$

$\qquad e_{|34|} = i_1(|34|),\ e_{|23|} = i_2(|23|),$

$C_2(\mathbb{K})$ の基底： $e_{|234|} = i_3(|234|),\ e_{|123|} = i_4(|123|)$

で与えられる．

次に境界作用素を調べよう. $\partial_2 : C_2(\mathbb{K}) \to C_1(\mathbb{K})$ については式 (3.2.4) より

$$\partial_2(e_{|234|}) = xe_{|23|} + x^2 e_{|24|} + x^2 e_{|34|},$$
$$\partial_2(e_{|123|}) = x^4 e_{|12|} + x^4 e_{|13|} + x^2 e_{|23|}$$

となる. よってその行列表示は

$$\partial_2(e_{|234|} e_{|123|}) = (e_{|12|} e_{|13|} e_{|24|} e_{|34|} e_{|23|}) A_2, \quad A_2 = \begin{pmatrix} 0 & x^4 \\ 0 & x^4 \\ x^2 & 0 \\ x^2 & 0 \\ x & x^2 \end{pmatrix}$$

で与えられる. 同様に $\partial_1 : C_1(\mathbb{K}) \to C_0(\mathbb{K})$ も計算すると

$$\partial_1(e_{|12|} e_{|13|} e_{|24|} e_{|34|} e_{|23|}) = (e_{|1|} e_{|2|} e_{|3|} e_{|4|}) A_1, \quad A_1 = \begin{pmatrix} 1 & 1 & 0 & 0 & 0 \\ 1 & 0 & x & 0 & x^2 \\ 0 & 1 & 0 & x & x^2 \\ 0 & 0 & x & x & 0 \end{pmatrix}$$

を得る.

境界作用素が得られたので, パーシステントホモロジー群を計算してみよう. まず $Z_1(\mathbb{K})$ は, 基底 $\{e_{|12|}, e_{|13|}, e_{|24|}, e_{|34|}, e_{|23|}\}$ のもとで, 例えば次の 2 通りの表し方

$$\mathrm{Ker}\, A_1 = \mathbb{Z}_2[x] \boldsymbol{z}_{11} + \mathbb{Z}_2[x] \boldsymbol{z}_{12}$$
$$= \mathbb{Z}_2[x] \boldsymbol{z}_{11} + \mathbb{Z}_2[x] \boldsymbol{z}'_{12},$$

$$\boldsymbol{z}_{11} = \begin{pmatrix} x \\ x \\ 1 \\ 1 \\ 0 \end{pmatrix}, \quad \boldsymbol{z}_{12} = \begin{pmatrix} 0 \\ 0 \\ x \\ x \\ 1 \end{pmatrix}, \quad \boldsymbol{z}'_{12} = \begin{pmatrix} x^2 \\ x^2 \\ 0 \\ 0 \\ 1 \end{pmatrix}$$

が可能である. また $B_1(\mathbb{K})$ は $A_2 = (\boldsymbol{a}_{21} \boldsymbol{a}_{22})$ の列ベクトル $\boldsymbol{a}_{21}, \boldsymbol{a}_{22}$ で生成される.

では Ker $A_1 = \mathbb{Z}_2[x]\boldsymbol{z}_{11} + \mathbb{Z}_2[x]\boldsymbol{z}_{12}$ の場合に，包含写像 $B_1(\mathbb{K}) \to Z_1(\mathbb{K})$ の行列表示

$$(\boldsymbol{a}_{21}\boldsymbol{a}_{22}) = (\boldsymbol{z}_{11}\boldsymbol{z}_{12})M, \quad M = \begin{pmatrix} 0 & x^3 \\ x & x^2 \end{pmatrix}$$

のスミス標準形を調べてみる．すると行列 M に対して基本変形を施すことで，

$$(\boldsymbol{a}_{21}\boldsymbol{a}'_{22}) = (\boldsymbol{z}_{12}\boldsymbol{z}_{11})M', \quad M' = \begin{pmatrix} x & 0 \\ 0 & x^3 \end{pmatrix}, \quad \boldsymbol{a}'_{22} = x\boldsymbol{a}_{21} + \boldsymbol{a}_{22} \quad (3.2.6)$$

となることが確認できる．生成元 $\boldsymbol{z}_{11}$ と $\boldsymbol{z}_{12}$ はそれぞれ時刻 1 と 2 に発生しており，その存続時間は M' の対角成分よりそれぞれ 3 と 1 である．よって $PH_1(\mathbb{K})$ のパーシステント区間は

$$[2,3), \quad [1,4)$$

となる．またそのパーシステント図は図 3.3 で与えられる．

$Z_1(\mathbb{K})$ のもう 1 つの表し方 Ker $A_1 = \mathbb{Z}_2[x]\boldsymbol{z}_{11} + \mathbb{Z}_2[x]\boldsymbol{z}'_{12}$ の場合にも，同様に包含写像 $B_1(\mathbb{K}) \to Z_1(\mathbb{K})$ の行列表示

$$(\boldsymbol{a}_{21}\boldsymbol{a}_{22}) = (\boldsymbol{z}_{11}\boldsymbol{z}'_{12})M, \quad M = \begin{pmatrix} x^2 & 0 \\ x & x^2 \end{pmatrix}$$

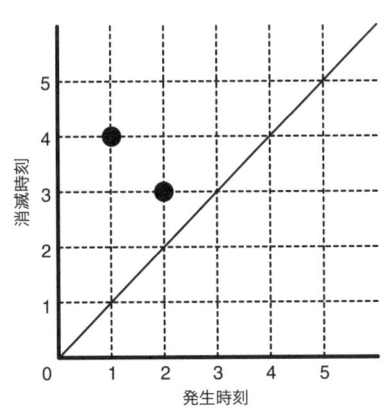

図 3.3　図 3.2 で与えられるフィルトレーション $\mathbb{K}$ の 1 次パーシステント図 $PD_1(\mathbb{K})$

からスミス標準形を調べると, 式 (3.2.6) と同じ表示を得る. つまり $Z_1(\mathbb{K})$ の基底のとり方によらずに, パーシステント区間やパーシステント図が一意に定まっていることが確認できる.

ここで得られた $PH_1(\mathbb{K})$ の生成元は基底を用いて表すと, それぞれ

$$xe_{|24|} + xe_{|34|} + e_{|23|},$$
$$xe_{|12|} + xe_{|13|} + e_{|24|} + e_{|34|}$$

で与えられる. 図 3.2 を見ながら, フィルトレーションの中で対応するサイクルの発生と消滅が $PH_1(\mathbb{K})$ として表現されていることを確認してほしい. また $PH_1(\mathbb{K})$ 以外のパーシステントホモロジー群についても同様に計算できるので, 各自確かめられたい.

3.3 タンパク質のパーシステントホモロジー群

この節では, パーシステントホモロジー群のタンパク質構造解析への応用例をいくつか解説する. まずはじめに PDB ID が 1OVA で与えられるオボアルブミンを例に挙げ, そのパーシステント図を見てみよう.

フィルトレーションは 2.3 節と同様に重み付きアルファ複体で与える. パラメータ w を区間 $[0, 20]$ の間で動かした 1, 2 次パーシステント図は, それぞれ図 3.4 と図 3.5 で与えられる. また比較のため, これらのベッチ数のプロットを図 3.6 と図 3.7 にのせてある.

パーシステント図を見てわかるように, 対角線付近に多くの生成元が存在している. これらの対角線付近の生成元は発生してから消滅するまでのパラメータ幅が短いため, フィルトレーション内に現れるトポロジカルなノイズと見なせる. また比較的対角線から離れたところに位置する生成元は発生してから消滅するまでのパラメータ幅が長いため, パラメータ変化に対してロバストな生成元に対応する. つまりフィルトレーション過程に現れるこのようなトポロジカルなノイズやロバストな生成元を, パーシステント図は区別することができる. ベッチ数のプロットからなる図 3.6 と図 3.7 からは, このような情報は手に入らないことを再度注意しておく.

図 3.4　1OVA のアルファ複体に対する1次パーシステント図

図 3.5　1OVA のアルファ複体に対する2次パーシステント図

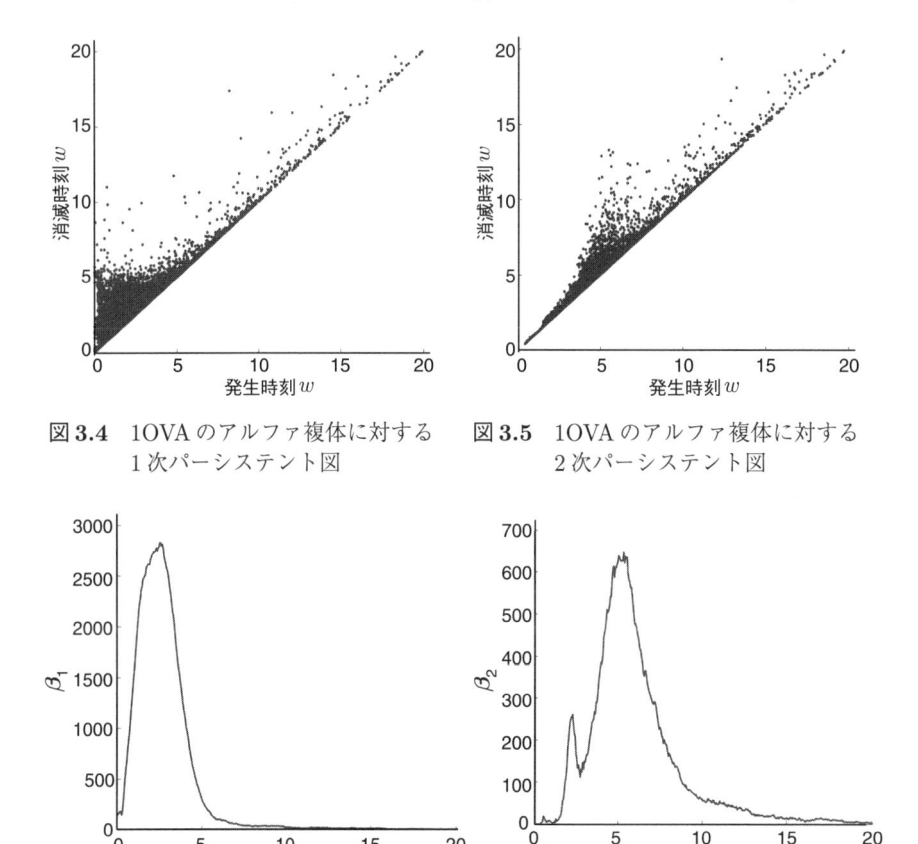

図 3.6　1OVA のアルファ複体に対する1次ベッチ数のプロット

図 3.7　1OVA のアルファ複体に対する2次ベッチ数のプロット

3.3.1　タンパク質の圧縮率との相関

ではパーシステントホモロジー群を用いて，タンパク質の物性について調べてみよう．1章で少し解説したが，タンパク質は生体内で多種多様な働きをしており，その機能とタンパク質の立体構造は密接に関係している．例えば立体構造を大きく変形させることで，別の分子を取り込む働きを行うタンパク質もある．このようなタンパク質の場合，立体構造を変形させるためにはある程度柔らかい構造をとる必要がある．よってタンパク質の柔らかさや固さといった

物性を知ることは，機能発現を調べる際の手がかりとなりうる．

　このタンパク質の柔らかさを測る指標の1つに圧縮率とよばれるものがある．タンパク質の圧縮率を実験的に求めることで，立体構造とゆらぎや機能との関係を調べることが可能である（詳しくは文献[1]を参照）．しかし圧縮率を実験で測定するにはそれなりの実験装置が必要であり，もう少し手軽に圧縮率を調べることができれば望ましい．例えばPDBには膨大なタンパク質の立体構造に関するデータが蓄えられているので，これらのデータを有効利用して圧縮率と相関をもつ指標を得られないだろうか．そこでパーシステントホモロジー群の立場からこの問題を考えてみよう．

　タンパク質の圧縮率は，その内部に存在する空洞に関係していると予想されている．さらに物理・化学的背景から，圧縮率に影響を及ぼすと思われるいくつかの幾何構造もある．これらを反映させた量をパーシステント図から取り出してみよう．つまりパーシステント図内の生成元で，タンパク質の圧縮率に影響を及ぼすと思われるものを抽出してみよう．

　まずはじめに，パーシステント図の生成元であってパーシステント区間が短いトポロジカルなノイズは，圧縮率への影響が小さいであろう．そこでパラメータ δ を導入し，パーシステント図 PD_k 内で

$$N_k(\delta) = \{(p_b, p_d) \in PD_k \mid p_d - p_b < \delta\}$$

をトポロジカルノイズとして除去しよう．

　次に原子の密度と圧縮率の関係を考察したい．原子が密に配置されている状況と疎に配置されている状況では，疎な配置の方が各原子は位置を変えることができる．例えば図3.8では左に密な原子配置，右に疎な原子配置によるわっかを示している．ここで濃い色の球が原子のファンデルワールス半径による球であり，薄い色の球は半径パラメータをある程度大きくした際の球の様子を表している．

　この場合，左のわっかより右のわっかの方がより形を変えやすく，よって圧縮率への効果は大きいと考えられる．ここで2つのわっかは，生成元の発生時刻の違いによって識別できることに注意したい．すなわち密な原子配置をもつ穴は生成元の発生時刻が早く，一方疎な原子配置をもつ穴は発生時刻は遅くな

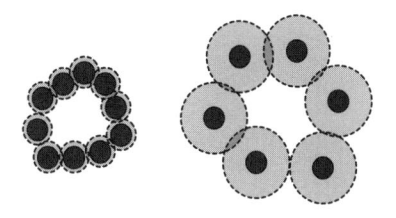

図 3.8 密なわっかと疎なわっか．濃い色の球はファンデルワールス球で，薄い色の球は半径パラメータをある程度大きくした球．

る．よって生成元の発生時刻を調節するパラメータ $l_k, u_k, (l_k < u_k)$ を導入し

$$PD_k(l_k, u_k, \delta) = \{(p_b, p_d) \in PD_k \setminus N_k(\delta) \mid p_b \in [l_k, u_k]\}$$

に存在している点のみを，圧縮率に影響を及ぼす生成元として扱おう．

さらに原子の集まりが作る円筒領域の影響についても考えたい．通常，原子の集まりが作る円筒領域の軸方向の長さが長いものは，より広い内部領域をもつことになるので圧縮率により影響を及ぼすことが予想される．しかしながら，円筒領域の存在やその半径の大きさは 1 次元のホモロジー群やパーシステントホモロジー群で扱えるが，軸方向の長さはこれらからは単純には評価できない．

そこで次の手順で軸方向の長さに関連する量をパーシステント図から取り出す．まず軸方向の長さが長くなれば，その表面には一般にくぼみ部分をもつことになる．半径パラメータを大きくしていくと，このくぼみは円筒領域に空洞を生み出すもととなる．よって軸方向の長さが長い円筒領域ほど，そこから生成される空洞の数は多くなる（図 3.9 参照）．よって 1 次元の生成元あたりに発生する 2 次元の生成元の個数を調べることができれば，それは円筒領域の長さを反映した量となる．そこでここでは単純に，圧縮率に影響を及ぼす 2 次元のパーシステント図内の生成元の数を，1 次元のパーシステント図の生成元の数で割った値でこの効果を取り込んでみよう．

これまでの考察をもとに，次の量

$$C_P(l_1, u_1, l_2, u_2, \delta) = \frac{|PD_2(l_2, u_2, \delta)|}{|PD_1(l_1, u_1, \delta)|}$$

を導入する．ここで $|PD_k|$ は図 PD_k 内に存在する生成元の個数を表す．

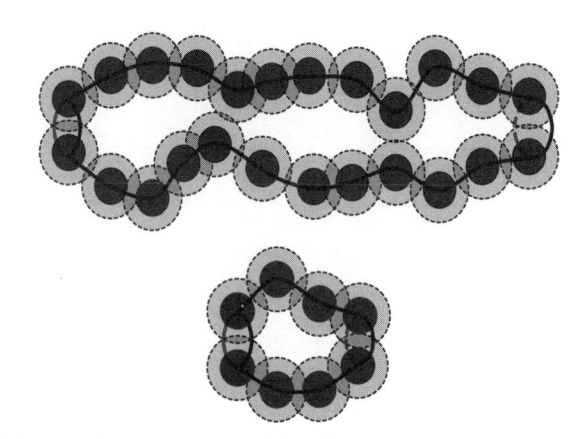

図 3.9 円筒領域の断面図．上の図は単位円筒領域あたり 3 個の空洞が発生し，下の図からは 1 個の空洞が発生する．

実験で圧縮率が求まっているタンパク質に対して，各パラメータごとに $C_P(l_1, u_1, l_2, u_2, \delta)$ がパーシステント図から求まる．そこで，圧縮率の実験値と $C_P(l_1, u_1, l_2, u_2, \delta)$ の最小二乗誤差が最も小さくなる最適なパラメータを求めると，図 3.10 のような数値計算結果を得る．

図からわかるように，多くのタンパク質の圧縮率がここで求めた C_P と線形関係になっている．これよりここまで議論してきた幾何構造やそのパーシステント図を用いた定量化は，圧縮率に関係する重要な要素をある程度取り出せていると思われる．また線形相関関係にない 3 つのタンパク質（1A4V, 1E7I, 1BUW）については，ここで議論したものとは異なる要因が圧縮率に影響を与えていると思われる．

今のところ，この 3 つのタンパク質も含めて相関関係が成り立つ C_P の定式化は完成していない．しかしながらここでの数値計算結果は，パーシステントホモロジー群という容易に計算可能な数学的道具を用いて，タンパク質の圧縮率を調べることが可能であることを示唆している．今後さらに詳細にタンパク質の幾何構造を C_P に反映させ，圧縮率の数理モデルを洗練させることで，より精度の高い定量化を行えることが期待される．

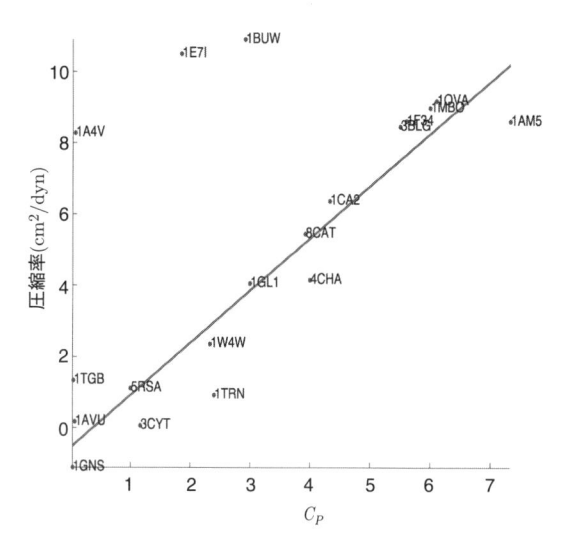

3.3 タンパク質のパーシステントホモロジー群　123

図 3.10　最適化を施した C_P と圧縮率の関係．各タンパク質の圧縮率は論文 [1] の値を用いており，数値計算で使用した PDB ID はプロットの横に記入してある．

3.3.2　タンパク質の分類問題への応用

ここでは，2つのパーシステント図の間に定まる距離関数を，タンパク質の立体構造による分類へ応用してみよう．

まずはじめに，パーシステント図の間の距離関数について簡単にまとめておく．2つのフィルトレーション

$$\mathbb{K}: K^0 \subset K^1 \subset \cdots \subset K^t \subset \cdots, \quad 飽和時刻\ \Theta_K$$
$$\mathbb{L}: L^0 \subset L^1 \subset \cdots \subset L^t \subset \cdots, \quad 飽和時刻\ \Theta_L$$

に対して，$\Theta = \max\{\Theta_K, \Theta_L\}$ とおく．ここで各パーシステント図に対して，パーシステント区間の終端が Θ_K, Θ_L で与えられるものを Θ で置き換えたものを，同じく $PD_k(\mathbb{K}), PD_k(\mathbb{L})$ と表すことにしよう．またこれらのパーシステント図に対して，$\overline{PD_k(\mathbb{K})}$ を

$$\overline{PD_k(\mathbb{K})} = PD_k(\mathbb{K}) \cup \{(p_b, p_d) \in \mathbb{R} \times \mathbb{R} \mid p_b = p_d\}$$

で定める．つまり通常のパーシステント図に対角線集合を加えたものが $\overline{PH_k(\mathbb{K})}$ である．$\overline{PD_k(\mathbb{L})}$ についても同様に定める．

このとき2つのパーシステント図 $PD_k(\mathbb{K}), PD_k(\mathbb{L})$ の間に，次の距離を導入する：

$$d(\mathbb{K}, \mathbb{L}) = \inf_{\gamma} \sup_{p \in \overline{PD_k(\mathbb{K})}} ||p - \gamma(p)||_{\infty}. \tag{3.3.1}$$

ここで γ は $\overline{PD_k(\mathbb{K})}$ から $\overline{PD_k(\mathbb{L})}$ への全単射であり，inf はそのような全単射全体で考えるものとする．また $||\cdot||_{\infty}$ は $\mathbb{R}^2$ の最大値ノルムである．

このとき論文 [14] において，フィルトレーション $\mathbb{K}, \mathbb{L}$ があるクラスの連続関数 f, g のレベル集合からそれぞれ与えられるならば，不等式

$$d(\mathbb{K}, \mathbb{L}) \leq ||f - g||_{\infty}$$

が成り立つことが示されている．つまり2つの関数 f, g が十分近ければ，そのパーシステント図も十分近いことが保証される．詳しくは論文 [14, 15] を参照されたい．図 3.11 にこの状況を図示している．

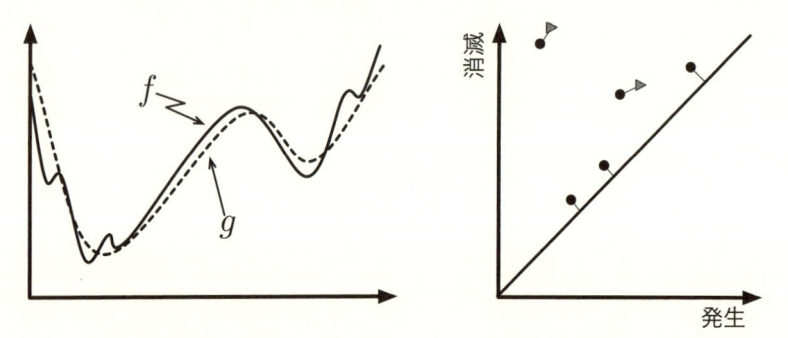

図3.11 レベル集合とパーシステント図．f のパーシステント図を丸印，g のパーシステント図を三角印で表している．

そこでこの距離関数を，タンパク質の立体構造の違いを測る指標に用いてみよう．つまりタンパク質のX線結晶解析像に対してパーシステント図を計算し，そこから式 (3.3.1) を用いてそれらの間の距離を求める．この距離はパーシステントホモロジー群を用いて定義されていることから，タンパク質の立体構造の大域的な情報を含んだものとなる．

さて，与えられた生物種のグループに対して，その進化の過程を木構造のグラフで表したものを進化系統樹という．図3.12に進化系統樹の例を示している．この例では共通の祖先をもつ生物種A, B, C, D, Eに対して進化系統樹が描かれている．系統樹の横方向の長さは進化に要した時間が反映される．ここではまず最初にA, B, CとD, Eのグループに分けられ，その後DとEが現在の種として現れる．またグループA, B, CはまずはじめにAが分離し，その後B, Cが現れていることがこの図から読み取れる．

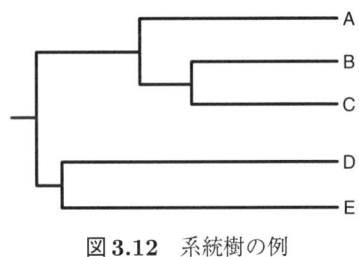

図3.12 系統樹の例

進化系統樹を求める方法にはいくつかのものが知られているが，その中の1つに距離行列法がある．これはあらかじめ求められている生物種間の距離を用いて木を構成する方法である．与えられた生物種がN種類ある場合，i番目の種とj番目の種間の距離を$d_{i,j}$で表すと，対角成分が0の三角行列

$$D = \begin{pmatrix} 0 & d_{1,2} & \cdots & d_{1,n} \\ & \ddots & & \vdots \\ & & \ddots & d_{n-1,n} \\ & & & 0 \end{pmatrix}$$

を与えることですべての生物種間の距離が定まる．この行列を距離行列とよぶ．

与えられた生物種のグループに対して，ある特定のタンパク質に着目して遺伝系統樹を求める場合，通常距離行列はアミノ酸の1次元配列から導出される．遺伝的に近い生物種間のアミノ酸配列は似ている，という事実からアミノ酸配列間にあるスコアを導入し距離行列を構成するのである．スコアの与え方や，距離行列から系統樹を求めるアルゴリズムについては，例えば文献[3]を

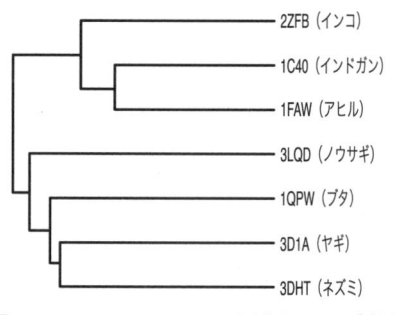

```
                    ┌──── 2ZFB (インコ)
              ┌─────┤
              │     ├──── 1C40 (インドガン)
         ─────┤     └──── 1FAW (アヒル)
              │
              │     ┌──── 3LQD (ノウサギ)
              └─────┤
                    │     ┌──── 1QPW (ブタ)
                    └─────┤
                          │     ┌── 3D1A (ヤギ)
                          └─────┤
                                └── 3DHT (ネズミ)
```

図 3.13 パーシステント図を用いた系統樹

参照されたい.

さて，この距離行列をパーシステント図が定める距離で与えたらどうなるだろう．パーシステント図はタンパク質のX線結晶解析像から求められているので，アミノ酸の1次元配列にはない立体構造を反映した系統樹となる.

そこで試しに3種類の鳥類（インコ，インドガン，アヒル）と4種類の哺乳類（ノウサギ，ブタ，ヤギ，ネズミ）のヘモグロビンから，パーシステント図を用いて系統樹を描かせてみると，図3.13を得る．ただし圧縮率での議論と同様に，ここでもトポロジカルなノイズを除去するパラメータを導入し最適化を行っている．この結果を見ると3種類の鳥類と4種類の哺乳類がグループ分けされている．つまり鳥類と哺乳類という遺伝的な傾向を反映した系統樹となっている．また逆に，ノイズパラメータを変化させてここで得られた系統樹の存続性を調べることで，最も遺伝的な情報が含まれていると思われるパーシステント図内の生成元を調べることも可能である．その生成元を与えるタンパク質内の特定の領域は，対応するサイクルを調べればよいので[1]，パーシステント図を用いて遺伝的な情報が含まれていると思われる特定の部位を選択することも可能となる.

▰▰▰ 第3章の補足 ▰▰▰

本章では単体複体のフィルトレーションに対して，パーシステントホモロ

---

[1] 最適化問題を解くことで最小生成元を求めることも可能である.

ジー群の解説を行った.この際,$\mathbb{Z}_2[x]$ が単項イデアル整域であることから,2 章と同様にスミス標準形を経由した議論が可能となっている.よって係数として扱う環が単項イデアル整域ではない場合は,パーシステント区間やパーシステント図に対応する概念を定義することは,一般に容易ではない.

例えば本章では 1 次元のフィルトレーションを扱ったが,2 次元のフィルトレーション

$$
\begin{array}{ccc}
\vdots & \vdots & \\
\cup & \cup & \\
K^{0,1} & \subset K^{1,1} \subset & \cdots \\
\cup & \cup & \\
K^{0,0} & \subset K^{1,0} \subset & \cdots
\end{array}
$$

に対してパーシステントホモロジー群を同様に定めると,多項式の変数は 2 変数必要になる.しかし 2 変数の多項式環 $\mathbb{Z}_2[x,y]$ は単項イデアル整域とはならない.このようにフィルトレーションの次元を高次元化したパーシステントホモロジー群の構造や数値計算法については,論文 [12, 13] に解説されている.

またパーシステントホモロジー群の概念は単体複体のフィルトレーションに限ったものではなく,方体複体に適用することも可能である.本書では扱うことができなかったが,ピクセル画像データのグレースケールレベルからフィルトレーションを作る場合には,方体複体の設定の方が自然である.

パーシステントホモロジー群の数値計算ソフトウェアは,現在 Plex[28] と Perseus[31] が知られている.Plex は単体複体のフィルトレーションのみを扱い,Perseus は単体複体と方体複体の両者を扱うことができる.これらのソフトウェアで実装されている数値計算アルゴリズムは文献 [23, 24] を参照されたい.

また本章で解説したパーシステントホモロジー群のタンパク質構造への応用は,文献 [6, 19] に詳しく解説されている.

参考文献

[1] 月向邦彦, 硬い蛋白質と軟らかい蛋白質 －圧縮率から見た構造のゆらぎ－, 蛋白質 核酸 酵素, Vol.41, 2025–2036.
[2] 國府寛司, 荒井迅, 寺本敬, Marcio Gameiro, 平岡裕章, Paweł Pilarczyk, 応用数理, Vol. 18, No. 1, 2008.
[3] 斎藤成也, ゲノム進化を考える, SGCライブラリ53, サイエンス社, 2007.
[4] 田村一郎, トポロジー, 岩波書店, 1972.
[5] 藤博幸（編）, タンパク質の立体構造入門 －基礎から構造バイオインフォマティクスへ－, 講談社, 2010.
[6] 濃野文秀, パーシステントホモロジー群のタンパク質系統樹への応用, 2011年度広島大学理学研究科数理分子生命理学専攻修士論文.
[7] 枡田幹也, 代数的トポロジー, 朝倉書店, 2002.
[8] 松坂和夫, 集合・位相入門, 岩波書店, 1968.
[9] 森田康夫, 代数概論, 裳華房, 1987.
[10] A. Björner, Topological Methods, Handbook of Combinatorics, 1819–1872, 1995.
[11] G. Carlsson, Topology and Data, Bulletin AMS, Vol. 46, 255–308 (2009).
[12] G. Carlsson, G. Singh, and A. Zomorodian, Computing Multidimensional Persistence, J. Comput. Geom. Vol. 1, 72–100 (2010).
[13] G. Carlsson and A. Zomorodian, The Theory of Multidimensional Persistence, Discrete Comput. Geom. Vol. 42, 71–93 (2009).
[14] D. Cohen-Steiner, H. Edelsbrunner, and J. Harer, Stability of Persistence Diagrams, Discrete Comput. Geom. Vol. 37, 103–120 (2007).
[15] D. Cohen-Steiner, H. Edelsbrunner, J. Harer, and Y Mileyko, Lipschits Functions Have L_p-Stable Persistence, Found. Comput. Math. Vol. 10, 127–139 (2010).
[16] D. Dummit and R. Foote, Abstract Algebra, John Wiley and Sons, 2004.
[17] H. Edelsbrunner, The Union of Balls and Its Dual Shape, Discrete and Computational Geometry, 415–440 (1995).

[18] H. Edelsbrunner and J. Harer, Computational Topology: an introduction, AMS, 2010.
[19] M. Gameiro, Y. Hiraoka, S. Izumi, M. Kramar, K. Mischaikow, and V. Nanda, Topological Measurement of Protein Compressibility via Persistence Diagrams, preprint, Kyushu University, IMI.
[20] A. Hatcher, Algebraic Topology, Cambridge University Press, 2002.
[21] T. Kaczynski, K. Mischaikow, and M. Mrozek, Computational Homology, Springer, 2004.
[22] D. Kozlov, Combinatorial Algebraic Topology, Springer, 2008.
[23] K. Mischaikow and V. Nanda, Morse Theory for Filtrations and Efficient Computation of Persistent Homology, preprint.
[24] A. Zomorodian and G. Carlsson, Computing Persistent Homology, Discrete Comput. Geom. Vol. 33, 249–274 (2005).
[25] A. Zomorodian, Topology for Computing, Cambridge University Press, 2005.
[26] CGAL, http://www.cgal.org/
[27] CHomP, http://chomp.rutgers.edu/
[28] CompTop, http://comptop.stanford.edu/
[29] PDB, http://www.rcsb.org/pdb/
[30] PDBj, http://www.pdbj.org/
[31] Perseus, http://www.math.rutgers.edu/~vidit/perseus.html
[32] Rasmol, http://www.openrasmol.org/
[33] Robert Ghrist webpage, http://www.math.upenn.edu/~ghrist/

索　引

CHomP　84

PDB　25

Perseus　127

Plex　84

RASMOL　26

【ア行】

圧縮率　120

アーベル群　32

アミノ酸　23

アルファ複体　17

位数　52

一次独立　47

イデアル　33

ヴィートリス・リップス複体　13

【カ行】

階数　51

可換環　33

核　38, 45

加群　42

環　32

環準同型写像　38

幾何学的実現　6

基底　47

基底変換行列　56

基本行列　56, 101

基本変形　61

境界作用素　76, 111

距離　124

距離行列　125

群　31

【サ行】

サイクル　77, 112

鎖群　75, 111

鎖準同型写像　84

鎖複体　77

時刻　110

次数　93

次数付き $\mathbb{Z}_2[x]$ 加群　94

次数付き準同型写像　102

自由加群　48

巡回群　53

準同型写像　45

準同型定理　39, 46

消滅時刻　114

剰余加群　44

剰余環　36

進化系統樹　125

スミス標準形　64, 103

整域　34

斉次行列　98

斉次元　94
斉次部分加群　95
零化イデアル　48
像　38, 45
側鎖　23

【タ行】

体　33
多面体　4
単項イデアル　34
単項イデアル整域　34
単体　2
単体の向き　74
単体複体　3
タンパク質　23
チェック複体　11
中国剰余定理　40
抽象単体複体　5
直和　40, 46
同型　38, 46
同相　6
凸集合　2
ドロネー複体　15

【ナ行】

ねじれ係数　78
ねじれ元　48
ねじれ部分加群　48

【ハ行】

バウンダリー　77, 112
パーシステント区間　114

パーシステント図　115
パーシステントホモロジー群　113
発生時刻　114
表現行列　59
ファンデルワールス球　25
ファンデルワールス半径　23
フィルトレーション　12
部分加群　42
部分群　32
ベッチ数　78
ペプチド結合　23
飽和時刻　110
ホモトピー　7
ホモトピック　7
ホモトピー同値　8
ホモロジー群　77
ボロノイ図　15

【マ行】

脈体　10
脈体定理　11
面　3

【ヤ行】

有限型　110
有限生成 $\mathbb{Z}$ 加群の構造定理　69
有限生成 $\mathbb{Z}_2[x]$ 加群の構造定理　109
誘導準同型写像　86

【ラ行】

連結　78
連結成分　79

Memorandum

Memorandum

著 者 略 歴

平 岡 裕 章
（ひら おか やす あき）

2005年　大阪大学大学院基礎工学研究科 博士課程修了
現　在　京都大学高等研究院教授
　　　　博士（理学）
専　門　計算トポロジー，符号理論

シリーズ・現象を解明する数学	著　者　平岡裕章　© 2013
タンパク質構造とトポロジー	発行者　南條光章
パーシステントホモロジー群入門	発行所　共立出版株式会社
Protein Structure and Topology:	東京都文京区小日向 4-6-19
Introduction to Persistent Homology	電話　03-3947-2511（代表）
	〒112-0006／振替口座 00110-2-57035
2013 年 7 月 15 日　初版 1 刷発行	URL www.kyoritsu-pub.co.jp
2022 年 4 月 25 日　初版 6 刷発行	印　刷　啓文堂
	製　本　ブロケード
検印廃止	一般社団法人 自然科学書協会 会員
NDC 415.7, 411.76, 464	
ISBN 978-4-320-11002-1	Printed in Japan

JCOPY ＜出版者著作権管理機構委託出版物＞
本書の無断複製は著作権法上での例外を除き禁じられています．複製される場合は，そのつど事前に，出版者著作権管理機構（ＴＥＬ：03-5244-5088，ＦＡＸ：03-5244-5089，e-mail：info@jcopy.or.jp）の許諾を得てください．

◆ 色彩効果の図解と本文の簡潔な解説により数学の諸概念を一目瞭然化！

ドイツ Deutscher Taschenbuch Verlag 社の『dtv-Atlas事典シリーズ』は、見開き2ページで1つのテーマが完結するように構成されている。右ページに本文の簡潔で分り易い解説を記載し，かつ左ページにそのテーマの中心的な話題を図像化して表現し、本文と図解の相乗効果で理解をより深められるように工夫されている。これは、他の類書には見られない『dtv-Atlas 事典シリーズ』に共通する最大の特徴と言える。本書は、このシリーズの『dtv-Atlas Mathematik』と『dtv-Atlas Schulmathematik』の日本語翻訳版である。

カラー図解 数学事典

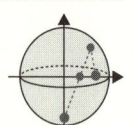

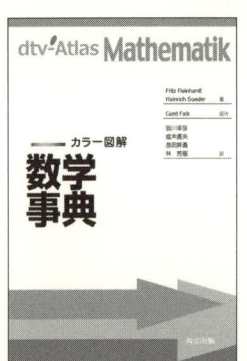

Fritz Reinhardt・Heinrich Soeder [著]
Gerd Falk [図作]
浪川幸彦・成木勇夫・長岡昇勇・林 芳樹 [訳]

数学の最も重要な分野の諸概念を網羅的に収録し、その概観を分り易く提供。数学を理解するためには、繰り返し熟考し、計算し、図を書く必要があるが、本書のカラー図解ページはその助けとなる。

【主要目次】 まえがき／記号の索引／序章／数理論理学／集合論／関係と構造／数系の構成／代数学／数論／幾何学／解析幾何学／位相空間論／代数的位相幾何学／グラフ理論／実解析学の基礎／微分法／積分法／関数解析学／微分方程式論／微分幾何学／複素関数論／組合せ論／確率論と統計学／線形計画法／参考文献／索引／著者紹介／訳者あとがき／訳者紹介

■菊判・ソフト上製本・508頁・定価6,050円(税込)■

カラー図解 学校数学事典

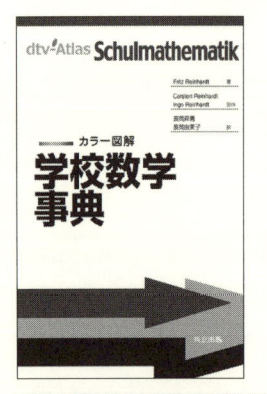

Fritz Reinhardt [著]
Carsten Reinhardt・Ingo Reinhardt [図作]
長岡昇勇・長岡由美子 [訳]

『カラー図解 数学事典』の姉妹編として、日本の中学・高校・大学初年級に相当するドイツ・ギムナジウム第5学年から13学年で学ぶ学校数学の基礎概念を1冊に編纂。定義は青で印刷し、定理や重要な結果は緑色で網掛けし、幾何学では彩色がより効果を上げている。

【主要目次】 まえがき／記号一覧／図表頁凡例／短縮形一覧／学校数学の単元分野／集合論の表現／数集合／方程式と不等式／対応と関数／極限値概念／微分計算と積分計算／平面幾何学／空間幾何学／解析幾何学とベクトル計算／推測統計学／論理学／公式集／参考文献／索引／著者紹介／訳者あとがき／訳者紹介

■菊判・ソフト上製本・296頁・定価4,400円(税込)■

www.kyoritsu-pub.co.jp　　共立出版　　(価格は変更される場合がございます)